[アルドゥイーノ]
Arduinoではじめる
ロボット製作
[改訂版]

はじめに

　私たちは、高等専門学校（通称「高専」）の教員です。

　中学を卒業したばかりの、技術者のタマゴとも言える学生たちを、5年間の教育課程で、実践的な技術者として育成する。そのために、現場に即した教育プログラムを開発・実践し、日々試行錯誤です。

＊

　本書は、Arduinoマイコンを用いたロボット製作の入門書です。

　高専3年生で行なっている「マイコンを用いたロボット制作」の実験内容をベースに、「初めてハンダ付けをする人」や「ロボットを作ってみたい人」を対象として、加筆しました。

　「マイコン」「電子回路製作」の基本から始めて、スマートフォンで操作可能な「リモコンロボット」、そして自律走行可能な「ライントレース・ロボット」の制作までを扱っています。

＊

　ロボットの1つ1つの技術要素はとてもシンプルなものです。しかし、それらを積み上げ、組み合わせていくことによって完成する、高度な動作。それを目の当たりにして、面白さを体験してください。

　難しい予備知識などなくても、高価な道具をたくさん揃えなくても、中学卒業程度のちょっとした回路知識とArduinoなどの手軽なマイコン、いくつかの部品を組み合わせるだけで、さまざまな動作が実現できます。

　そして、それを使って何をさせるかは、作る人のアイディア次第です。

＊

　本書を通じて、ものづくりの楽しさや喜びの一端を感じていただけたら、望外の喜びです。

米田 知晃 ・ 荒川 正和

Arduino [アルドゥイーノ] ではじめる ロボット製作 [改訂版]

CONTENTS

「サンプルプログラム」「回路図」について

　本書で解説している「サンプルプログラム」と「回路図」は、工学社のサポートページからダウンロードできます。

＜工学社ホームページ＞

http://www.kohgakusha.co.jp/

　ダウンロードしたファイルを解凍するには、下記のパスワードを入力してください。

Bpgv6zL1

すべて半角で、大文字小文字を間違えないようにしてください。

第章

「Arduino」を使ってみよう

この章では、「Arduino」の概略を説明すると
ともに、開発環境「Arduino IDE」のインス
トール方法、サンプルプログラムのコンパイ
ルと実行などについて、解説します。

1-1 「Arduino」とは

■「Arduino」はどのようなものか

「Arduino」は、イタリアの「Arduino Software」で開発されているオープンソースの「マイコンボード」です。

フリーの統合開発環境が提供されており、インターネット上のコミュニティも数多く存在します。

開発のしやすさと、安価な値段から、現在では世界中で利用されています。

*

「マイコン」とは「マイクロコントローラ」の略で、エンジニアリング用以外にも、電子回路やロボットなどでよく使われています。

しかし、プログラミング環境や開発に必要な書き込み装置などが高価で、多くの周辺回路も必要、さらにプログラム内の設定が複雑といった理由から、初心者にはとっつきにくいという問題がありました。

これに対して、「Arduino」は、趣味でマイコンを使いたい人、たとえばデザイナーやアーティストなど、エンジニアではない人の使用を想定して開発されているため、非常にシンプルな構造になっています。

> ※「Arduino」の背景には、「フィジカル・コンピューティング」という考え方があります。これは、「コンピュータが理解したり、反応したりできる人間のフィジカルな表現の幅をいかに増やすか」といったことを目的とした教育プログラムで、デザインやアート教育のひとつの分野として定着しています。

*

「Arduino」には、スペックの異なるさまざまな種類のボード（Arduinoボード）が用意されており、用途に合わせて選択できます。

もっとも一般的に用いられているボードは、図1-1に示す「Arduino UNO R3」で、本書でもこのボードを用いて、さまざまな回路やプログラムを作っていきます。

その他にも、入出力ピンの多い「Arduino MEGA」（図1-2）や、省スペース型の「Arduino NANO」などもあります。

図1-1 「Arduino」には、いろいろな種類がある(図は「Arduino UNO R3」)

図1-2 「Arduino MEGA」

　「Arduinoボード」は、**表1-1**のパーツショップや通販サイトから購入できます(通販サイトのAmazonなどでも取り扱っています)。

　また、「Arduino」の回路図や部品の一覧が、オープンソースとして無償でインターネット上に公開されているので、必要な部品を入手して、ボードを自作することも可能です。

　しかし価格面で言えば、自作するよりも市販の基板を購入したほうが安価にすみます。

表1-1 「Arduino」の取り扱いを行なっている販売店

店 名	公式サイト
マルツパーツ館	http://www.marutsu.co.jp/
千石電子通商	https://www.sengoku.co.jp/
共立エレショップ	http://eleshop.jp/
スイッチサイエンス	http://www.switch-science.com/
ストロベリー・リナックス	https://strawberry-linux.com/

■ Arduino UNO R3

「Arduino UNO R3」は、「ATmega328」というマイコンを搭載したボードです。

図1-3、1-4に示すように、14本の「デジタル入出力ピン」(そのうち6本は「PWM (パルス幅変調) 出力」として使えます)、6本の「アナログ入力」、16MHzの「クリスタルオシレータ」「USB接続」「パワーコネクタ」「ICSPコネクタ」「リセットボタン」を備えており、マイコンを使うのに必要なものがすべて揃っています。

USBケーブルでパソコンに接続するか、ACアダプタまたはバッテリからの給電で動作します。

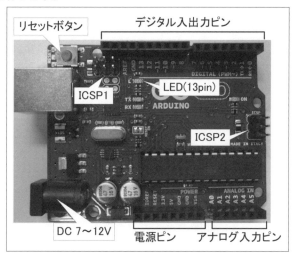

図1-3 「Arduino UNO R3」のピン配列

デジタル入出力ピン

ピン番号	0	1	2	3	4	5	6	7	8	9	10	11	12	13				
機能	RX	TX		PWM		PWM	PWM			PWM	PWM	PWM			GND	AREF	SDA	SCL

アナログ入力ピン

ピン番号	0	1	2	3	4	5
機能	A0	A1	A2	A3	A4	A5

電源ピン

Reserved	IOREF	RESET	3.3V	5V	GND	GND	V_{in}

図1-4 「Arduino UNO R3」のピン配置

1-2 「Arduino」の開発環境

■ 開発環境(Arduino IDE)のダウンロード

「Arduino」の開発には、「Arduinoボード」と、統合開発環境である「Arduino IDE」を使います。

「Arduino IDE」はPC上で動作します。「C/C++」をベースにした言語で「スケッチ」(小さなプログラム)を書き、「Arduinoボード」にアップロード(書き込み)して動かします。

＊

「Arduino IDE」を使うには、公式サイトからダウンロードして、PCにインストールする必要があります。

「Windows用」「Mac用」「Linux用」が用意されていますが、ここでは「Windows用」のインストール手順について説明します。

[1]まず、「Arduino公式ページ」(http://arduino.cc/)のダウンロードページ(http://arduino.cc/en/Main/Software)にアクセスします。

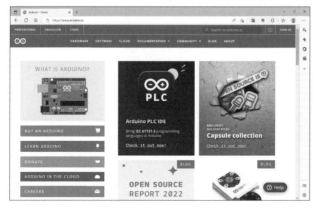

図1-5　Arduino公式ページ(http://arduino.cc/)

図1-6　ダウンロードページ(http://arduino.cc/en/Main/Software)

[2]ダウンロードページには、各PC環境用のインストールファイルが用意されているので、自分の環境に合わせたファイルをダウンロードします。

Windowsの場合、「Windowsインストーラのファイル」、「MSIインストーラ」、「zipファイル」の3つのインストールファイルが用意されていますが、こ

こでは「Windowsインストーラのファイル」をダウンロードします。

　ダウンロードページで用意されたファイルをクリックすると、寄付の確認画面が出ますが「JUST DOWNLOAD」をクリックしてダウンロードします。
　なお、寄付してもいいという方は「CONTRIBUTE & DOWNLOAD」でも構いません。

■ 開発環境(Arduino IDE)のインストール

[1] 図1-7に示すダウンロードしたファイル(2023年1月時点の最新版は「arduino-ide_2.0.3_Windows_64bit.exe」)をダブルクリックします。

図1-7　「Arduino IDE」のインストールファイル

[2] 「ライセンス契約」の確認ダイアログボックス(図1-8)が表示されるので、「同意する」をクリックします。

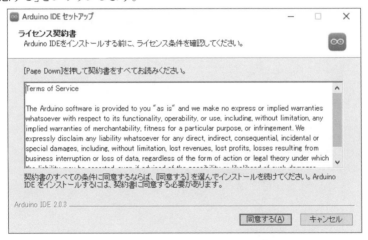

図1-8　「ライセンス契約」の確認ダイアログボックス

[3]「インストール・オプション」のダイアログボックス(**図1-9**)が表示されるので、「現在のユーザーのみにインストールする」にチェックを入れて、「次へ」をクリックします。

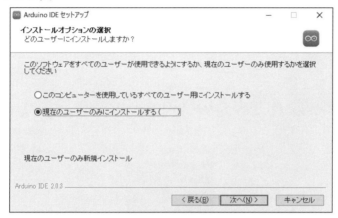

図1-9 「インストール・オプション」のダイアログボックス

[4]インストール先のフォルダ選択」のダイアログボックス(**図1-10**)が表示されます。

デフォルトのフォルダと異なる場所にインストールしたい場合は変更します。

その後「インストール」ボタンをクリックします。

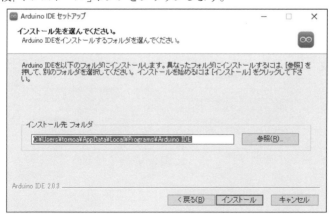

図1-10 「インストール先のフォルダ選択」のダイアログボックス

[5]インストールが終了すると「Arduino IDE セットアップ ウィザード完了」
ダイアログボックス(**図1-11**)が出てくるので、「完了」ボタンをクリックします。

図1-11 「Arduino IDE セットアップ ウィザード完了」のダイアログボックス

[6]次に、デバイスドライバのインストールのために「この不明な発行元からの
アプリがデバイスに変更を加えることを許可しますか」とメッセージが出るの
で、「はい」を選択します。
　その後にArduino USB Driver などのインストールダイアログ(**図1-12**)が
表示されますので、「インストール」を選択します。

[7]次に、「Windowsセキュリティの重要な警告」ダイアログ(**図1-13**)が表示さ
れるので、「アクセスを許可する」をクリックすると、Arduino IDE (**図1-14**)が
表示されます。

図1-12 「Arduino USB Driverなどのインストール」のダイアログボックス

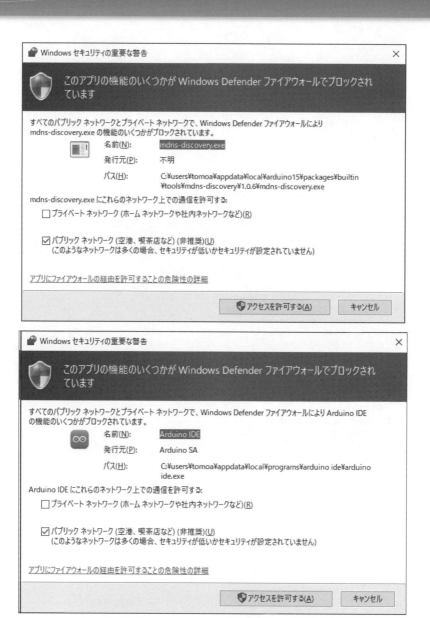

図1-13 「Windowsセキュリティの重要な警告」ダイアログ

図1-14 起動直後のArduino IDE

「USBドライバ」が正しくインストールされているかどうかは、デバイスマネージャから確認できます。

デバイスマネージャは、「スタート」→「Windowsシステム ツール」→「コントロールパネル」→「ハードウェアとサウンド」→「デバイスとプリンタ」→「デバイスマネージャ」で起動できます。

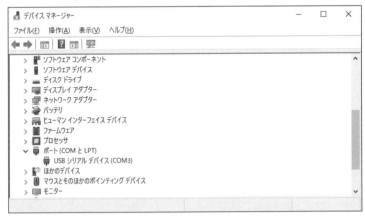

図1-15 ドライバが正しくインストールされた場合のデバイスマネージャの画面

インストールが正常に終了していれば、デバイスマネージャの「ポート(COMとLPT)」内に「USBシリアルデバイス(COM3)」と表示されます。

このとき「ポート番号」については、使っているPCに依存するため、図1-15

とは違うポート(「COM3」ではなく別のポート番号)になっている場合があり
ますが、問題はありません。

●USBドライバがインストールされていない場合

図1-16のように「デバイスマネージャ」の「ポート(COMとLPT)」に「USB
シリアルデバイス(COM3)」が表示されていない場合は、Arduinoが接続され
ていないか、ドライバが正しくインストールされていません。

図1-16　ドライバが正しくインストールされた場合のデバイスマネージャの画面

　このような場合は、USBを一度抜いてから、改めて差し込むことで、ドライ
バがインストールされます。

1-3 「サンプルプログラム」の実行

■ 開発環境(Arduino IDE)の設定

[1]Windowsの場合は、インストール終了後、デスクトップとスタートアップに「Arduinoアイコン」(**図1-17**)が作られています。

このアイコンをクリックすると、「Arduino IDE」(**図1-18**)が起動します。

図1-17 デスクトップ上に作られた「Arduinoアイコン」

```
sketch_jan25a | Arduino IDE 2.0.3                    —   □   ×
File  Edit  Sketch  Tools  Help
        Select Board                      ▼

sketch_jan25a.ino                                              ...
     1    void setup() {
     2      // put your setup code here, to run once:
     3
     4    }
     5
     6    void loop() {
     7      // put your main code here, to run repeatedly:
     8
     9    }
    10

                          Ln 1, Col 1  UTF-8  ✕ No board selected
```

図1-18 「Arduino IDE」の起動画面

[2]「Arduino IDE」のツールバーの「Tools」→「Board」→「Arduino AVR Boards」を選択し、使用する「Arduinoボード」(Arduino UNO)を選択します(**図1-19**)。

違うボードを使う場合は、該当するボードを選択してください。

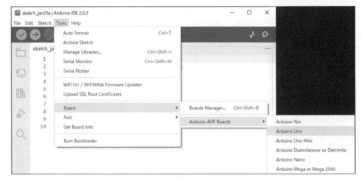

図1-19　「Arduinoボード」の選択

[3]次にArduinoの「COMポート」を設定します。

「Arduino IDE」のツールバーから「Tools」→「Port」を選択し、使用するArduinoボードの「COMポート3 (Arduino UNO)」を選択します(**図1-20**)。

Arduinoの「COMポート」は、前述したようにデバイスマネージャで確認できます。

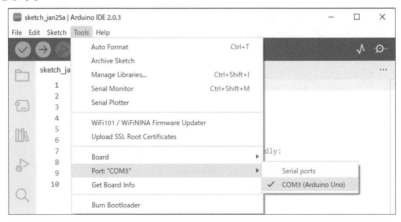

図1-20　シリアルポートの選択

■ サンプルプログラムの実行

「Arduino IDE」には、数多くのサンプルプログラムが用意されているので、これを利用して、比較的容易にプログラムの学習や、オリジナルのプログラム作成ができます。

●LEDを点滅させる「Blink」

ここでは例として、「LEDが点滅するサンプルプログラム」(Blink)を呼び出し、実行してみましょう。

> ※このプログラムは、略して「Lチカ」と呼ばれており、Arduinoボード上に実装されているLED回路で実行ができるため、最初の動作確認によく用いられます。

図1-21に示すようにメニューバーの「File」→「Examples」→「01.Basics」→「Blink」を選択すると、**図1-22**に示すサンプルプログラムが起動します。

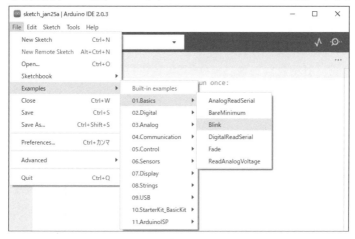

図1-21 サンプルプログラム「Blink」の起動

「Blink」は、「13番ピン」の出力電圧を、1秒ごとに「HIGH」(5V)と「LOW」(0V)に切り替えるプログラムです(**図1-22**)。

これを実行すると、「13番ピン」の状態をモニタしているArduinoボード上のLEDが、1秒間隔で点灯と消灯を繰り返します。

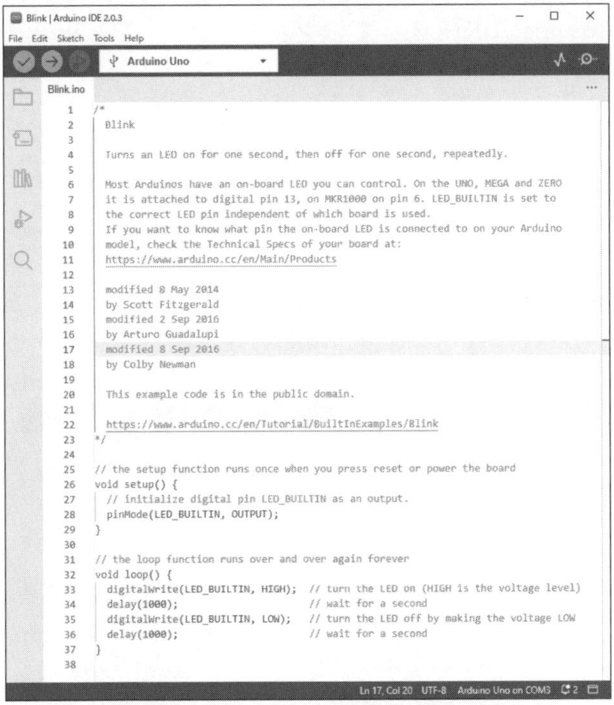

図1-22　サンプルプログラム「Blink」の起動画面

　その他にもPWMを利用してLEDの明るさを制御する「Fade」や、アナログ電圧値を読み込みその結果をシリアル通信で出力する「AnalogReadSerial」などのサンプルプログラムも用意されています。

●「コンパイル」と「書き込み」

　Arduinoのプログラムを実行するためには、「コンパイル」と「書き込み」の処理が必要です。

　「コンパイル」は、プログラミング言語によって書かれたプログラムをコンピュータが処理できる状態に翻訳する手続きです。
　そして、その翻訳されたプログラムをマイコンボードに書き込むための手順が「書き込み」です。
　言葉にするとややこしそうに見えますが、これらの作業はとても簡単にできます。

では、「Arduino IDE」を使って、サンプルプログラム「Blink」の「コンパイル」して「書き込み」ましょう。

---

[1]ツールバー上の ➡ をクリックします。

（または、メニューバーの「Sketch」→「Verify/Compile (Ctrl+R)」を選択でも処理できます）。

[2]無事に「コンパイル」と「書き込み」が終了すると、画面の下部に**図1-23**のような表示が現われて、Arduino上のLEDが1秒間隔で点滅します（**図1-24**）

図1-23　マイコンボードへの書き込み時のメッセージ

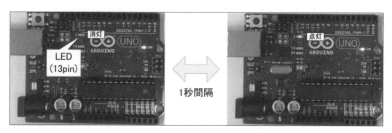

図1-24　13番ピンに接続されているLED回路

なお、プログラムの詳細については、**第3章**の「テスト・シールドを用いたArduinoプログラム」で説明します。

第2章

「テスト・シールド」の作製

この章では、Arduinoボードに接続する
「シールド基板」上への電子回路の作製方法
について触れていきます。
作るのはArduinoの基本動作である「デジ
タル入出力」や「アナログ入出力」などを学習
するための、「テスト・シールド」です。
また、基本的な電子部品やハンダ付けについ
ても学んでいきます。

2-1 「Arduinoシールド」とは

■「Arduinoシールド」はどんなものか

　Arduinoは、**図2-1**に示すように、基板に用意されているソケットに「ジャンパ線」と「ブレッドボード」を接続して使えるため、容易に回路の試作ができます。

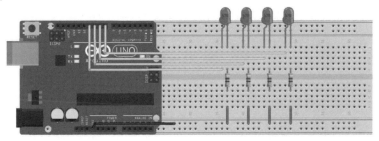

図2-1　Arduinoとブレッドボードを用いた試作

　また、Arduinoには、「シールド」と呼ばれる機能拡張用のボードが数多く用意されています。

　このボードを使うことで、以下のようなさまざまな機能を追加できます。

・「DCモータ」や「ステッピングモータ」の制御（**図2-2**）。
・「液晶ディスプレイ」（LCD）に文字などを表示（**図2-3**）。
・3GやWi-Fiで通信を行なう（**図2-4**）。
・SDカード上にデータを保存。

　「シールド」の大きな特徴は、Arduinoボードに積み重ねるようにして使えることです。これによって省スペースで機能を追加できます。

図2-2 モータドライブ・シールド

図2-3 LCDシールド

図2-4 3Gシールド

　これらの「シールド」には、すぐに使える完成品のほか、組立てキットとして販売されているものもあります。

　また、**図2-5**のような、メーカーから販売されているシールド基板を使って、自作することも可能です。

図2-5　Arduinoユニバーサル基板「UB-ARD03-P」（サンハヤト）

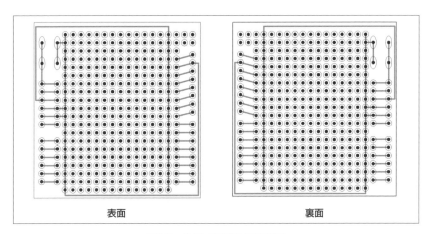

表面　　　　　　　　　　　　　　　　裏面

図2-6　「UB-ARD03-P」の図面

＊

では、この「UB-ARD03-P」基板を使って、回路を作っていきましょう。

2-2 「ハンダ付け」の基本

■「ハンダ付け」に必要な工具

「UB-ARD03-P」で回路を作るには、「ハンダ付け」をする必要があります。少し難しく感じるかもしれませんが、慣れれば誰でもできるようになるので、頑張ってやってみましょう。

*

「ハンダ付け」に必要な工具はいろいろなものがあります。ここでは標準的な工具について説明します。

・ハンダごて
・ワイヤー式クリーナー付きこて台
・ハンダ
・フラックス
・ヒートクリップ
・ハンダ吸い取り線
・錫メッキ線
・被覆線
・マスキングテープ
・ラジオペンチ
・ニッパー

●ハンダごて

ハンダを付ける場所を加熱するための工具で、ホームセンターなどで売られています。

うまくハンダ付けをするには、「温度調節機能」が付いたもの(**図2-7**)を購入することをお勧めします。

「温度調節機能」のない「ハンダごて」では、コテ先が高温になり、加熱しすぎによるハンダ不良が生じやすくなります。

図2-7　温度調節機能付きハンダごて「HAKKO 933」(HAKKO)

●ワイヤー式クリーナー付きコテ台

　ハンダごては、不安定な状態では火傷などの危険があるため、しっかりとした専用の「コテ台」を準備してください。

　コテ先についた余分なハンダを取り除くための「クリーナー」も必要なので、「クリーナー付きのコテ台」(図2-8)をお勧めします。

　「クリーナー」としては、以前は濡らしたスポンジを使うことが多かったのですが、最近はコテ先の温度降下を避けるために、水を使わずにコテ先をクリーニングする、「ワイヤー式のコテ台」が使われています。

図2-8　ワイヤー式クリーナー付きコテ台
「HAKKO 633-01」(HAKKO)

●ハンダ

　ハンダ付けに使われる「ハンダ」には、錫(Sn)と鉛(Pb)の合金である「共晶ハンダ」(図2-9)と、鉛を含まない「鉛フリーハンダ」があります。

　最近は、環境への配慮から「鉛フリーハンダ」が使われることが多いのですが、最初は「共晶ハンダ」を使ったほうが、うまくハンダ付けできると思います。

図2-9　錫鉛系ハンダ「H-42-3707」(HOZAN)

　また、一般的に用いられる「糸巻き状のハンダ」は、「ヤニ入り糸ハンダ」と呼ばれるもので、「フラックス」が糸の中央にチューブ状に入っています。

　「糸ハンダ」の太さは、直径0.3〜3.0 mmまでいろいろありますが、通常、部品が小さい場合は直径0.6 mm、端子が大きい部品などでは直径1.0mm程度のものを使います。

●フラックス

　電子工作用のハンダに含まれている「フラックス」は、金属表面へのハンダの馴染みをよくするためのものであり、ハンダ付けに欠かせない成分です。

　広い面積にわたってハンダ付けするときなど、ハンダに含まれている「フラックス」では足りない場合は、追加で「フラックス」(図2-10)を利用します(詳しくは、P.35 [column] フラックスの役割を参照)。

図2-10　フラックス「H-728」(HOZAN)

●ヒートクリップ

　「トランジスタ」や「IC」などの熱に弱い電子部品をハンダ付けする場合は、「ヒートクリップ」（**図2-11**）を使って、ハンダ付け時の熱をクリップを通じて逃がしてやります。

図2-11　ヒートクリップ

●「錫メッキ線」と「被覆線」

　「錫メッキ線」（**図2-12**）と「被覆線」（**図2-13**）は、ユニバーサル基板上の部品と部品の配線に利用する線です。

図2-12　錫メッキ線　　　　　　　　　　図2-13　被覆線

●ハンダ吸い取り線

　「ハンダ吸い取り線」（**図2-14**）は、ハンダ付けされている部品や基板を取り外すときに使います。

図2-14　ハンダ吸い取り線「HAKKO WICK」（HAKKO）

●マスキングテープ

「マスキングテープ」(図2-15)は、ハンダ付けする部品を固定するときに使います。

図2-15　耐熱性クレープマスキングテープ「2142」
　　　　（住友スリーエム）

●「ラジオペンチ」と「ニッパー」

「ラジオペンチ」(図2-16)や「ニッパー」(図2-17)は、電子部品のリードを曲げたり切ったりする工具です。

図2-16　ラジオペンチ

図2-17　ニッパー

■ ハンダ付けの手順

ハンダ付けは、基本的に以下の手順で行ないます。

---

[1]コテ先をハンダ付け部分にあてて加熱する。

[2]ハンダを送り、適量を溶かす。

[3]ハンダを引く。

[4]コテ先をリードに沿って上へ引き上げます。

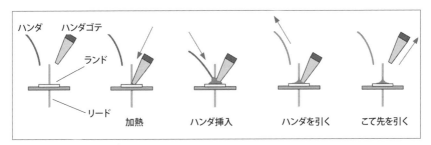

図2-18 ハンダ付けの手順

コテ先が熱すぎたり、あまり長く加熱しすぎたりすると、「糸ハンダ」に入っている「フラックス」が蒸発してしまい、ハンダがうまく流れなくなったり、ハンダ不良が発生するので、手早く作業する必要があります(先述した、「温度調節機能付き」のハンダごてがあると便利です)。

また、ハンダの量が多すぎても、少なすぎてもハンダ不良になりやすいので、注意しましょう。

Column 合金層

図2-18に示すように、基板上の「銅箔」である「ランド」と、電子部品の金属線である「リード」にコテ先をあてて加熱することで、「ランド」と「リード」の金属表面を溶かします。

溶けた金属表面にハンダを供給することで、溶けた金属とハンダの材質である錫や鉛などが混ざり合い、温度が下がるときに「合金層」が形成されます。この「合金層」によって、「リード」と「ランド」が電気的に接続されます。

　ハンダ付けは接着剤ではないので、この「合金層」を作ることがとても大切です。

Column 「フラックス」の役割

　「合金層」を形成するための過程においては、ハンダの内部に含まれている「フラックス」が重要な役割を果たします。
　「フラックス」には、洗浄作用や、ハンダを流れやすくする作用、酸化防止作用の3つの働きをもっています。

＊

　ハンダは表面張力が大きく、溶けると球状になろうとします。これが、表面に密着するように広がらないと、うまく「合金層」が形成されません。
　しかし、金属表面には「酸化膜」があり、ハンダがうまく広がりません。そこで「フラックス」を利用します。

　「フラックス」の洗浄作用では、ゴミや油、酸化膜(サビ)などを除去し、ハンダ付けする部分をきれいにします。
　また、「フラックス」を含むことでハンダの濡れ性がよくなり、ハンダが広がりやすくなります。

　そして「フラックス」が乾いた後は、固まった「合金層」の周辺を覆い、酸化を防ぎます。

＊

　このように、「フラックス」は、ハンダ付けに欠かせない重要な成分です。

　実際問題としては、「フラックス」が含まれていないハンダを使うことはありません。
　しかし、広い面積にハンダ付けを行なうなど、「フラックス」が足りないと感じた場合は、別途液状の「フラックス」を使いましょう。

●ハンダ付けの方法

　ハンダ付けをする場合、「背の低い部品からハンダ付けをする方法」と「機能ブロックごとに部品のハンダ付けを行なう方法」があります。

　どちらの方法でハンダ付けを進めていくかはケースバイケースで、作業しやすいほうでかまいません。

　「背の低い部品からハンダ付けをする方法」は、挿し込んだ部品がズレたりすることを防ぐために行なう方法ですが、基本的にすべての部品のハンダ付けをしてからでないと、回路の動作確認などができません。

　一方、「機能ブロックごとにハンダ付けする方法」は、部品がズレたり、基板が安定しなくなることがありますが、ブロックごとに動作確認ができるので、部品の付け間違いやハンダ不良などを見つけやすくなります。

　ハンダ付けがあまり得意でないときには、いいかもしれません。

　また、背の高い部品を先に付けた場合は、「マスキングテープ」で仮止めしたり、「ヘルピングハンズ」(**図2-19**)を使うことで対応できます。

図2-19　「ヘルピングハンズ」を利用したハンダ付け

Memo

2-3 「テスト・シールド」の製作

■「テスト・シールド」の考え方

「テスト・シールド」の回路図を、**図2-20**に示します。

これは、Arduinoの基本命令である「デジタル入出力」「アナログ入出力」を使う回路です。

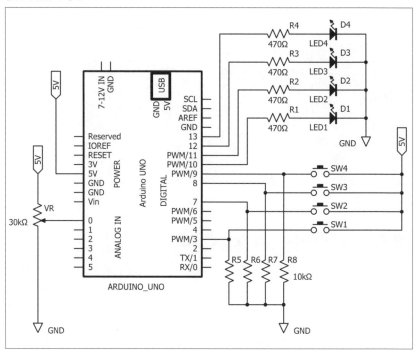

図2-20 「テスト・シールド」の回路図

また、「テスト・シールド」で使うArduinoのピン配列を、**図2-21**に示します。

最終的にロボット制作を行なう際に、必要な機能を学習することを想定しています。

デジタル入出力

ピン番号	0	1	2	3	4	5	6	7	8	9	10	11	12	13				
機能	RX	TX		PWM		PWM	PWM			PWM	PWM	PWM			GND	AREF	SDA	SCL
接続先						SW1	SW2	SW3	SW4	LED1	LED2	LED3	LED4					

アナログ入力

ピン番号	0	1	2	3	4	5
機能	A0	A1	A2	A3	A4	A5
接続先	可変抵抗					

電源ピン

Reserved	IOREF	RESET	3.3V	5V	GND	GND	Vin

図2-21 「テスト・シールド」で使うピン配列

■「テスト・シールド」で使う電子部品

　今回の「テスト・シールド」の回路では、「抵抗(470Ω、10kΩ)」「可変抵抗(30kΩ)」「赤色LED」「タクト・スイッチ」などの電子部品を使います(表2-1)。

表2-1 「テスト・シールド」で使う電子部品

部　品	型　番	本　数	参考価格
抵抗	470Ω	4	105円 (100本入り)
抵抗	10kΩ	4	105円 (100本入り)
可変抵抗	30kΩ	1	105円 (2個入り)
赤色LED	−	4	21円
タクト・スイッチ	−	4	63円

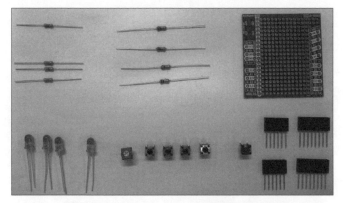

図2-22 「テスト・シールド」で使う電子部品の写真

●抵抗

「抵抗」とはその名前の通り、電気の流れを妨げる働きをします。

主に、電流の大きさを制限したり、設計された電位差を与えたり、回路が短絡(ショート)するのを防いだりするために使われています。

抵抗「R」と、抵抗の両端の電圧「V」、抵抗に流れる電流「I」の間には、「オームの法則」と呼ばれる以下の関係があります。

$$R = \frac{V}{I}$$

*

「抵抗」にはさまざまな種類があり、本書で使う「抵抗」は、基本的に一般的な「抵抗」(カーボン抵抗)と「可変抵抗」と呼ばれるものです。回路記号は、図2-23で示されます。

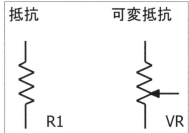

図2-23 「抵抗」(左)と「可変抵抗」(右)の回路記号

特に「可変抵抗」は、つまみを回すことで抵抗値を変えることができ、「ポテンショメータ」とも呼ばれます。

また、図**2-23**に示すように、「可変抵抗」は3端子であり、上下の端子に印加(信号を送ったり、電圧を加えたりすること)した電圧を分割し、真ん中の端子から分圧された電圧を取り出します。

●発光ダイオード(LED)

「発光ダイオード」(LED)は、ダイオードの一種で、ある一定以上の電圧(順方向電圧)を印加すると電流が流れ、発光するデバイスです。回路記号は図**2-24**で示されます。

豆電球などと似ていますが、1.5〜4.0Vの比較的低電圧で点灯でき、発熱が少なく、省電力です。

また、通常のダイオードと同様に「極性」があり、逆方向電圧を印加しても点灯しません。

「LED」はそのまま電源に接続すると、電流が流れすぎて壊れてしまうため、抵抗などを組み合わせて、電流値を制限する必要があります。

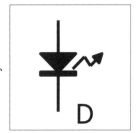

図2-24　発光ダイオードの回路記号

●タクト・スイッチ

「タクト・スイッチ」は小型のプッシュスイッチで、「タクティル・スイッチ」とも呼ばれています。図**2-25**の回路記号で示されます。

今回使うスイッチは4端子で、内部で2本ずつ接続されているので、どちらかを配線すれば利用できます。

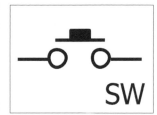

図2-25　「タクト・スイッチ」の回路記号

■「テスト・シールド」の回路

図2-20に示される回路は、4つの「LED点灯回路」、4つの「スイッチ入力回路」、1つの「アナログ入力回路」から構成されています。

図2-26に示すLED点灯回路では、Arduinoの「10～13番ピン」の出力が「5V」のとき、LEDに電流が流れて点灯し、出力が「0V」のときは電流が流れないためLEDは消灯するという動作になります。

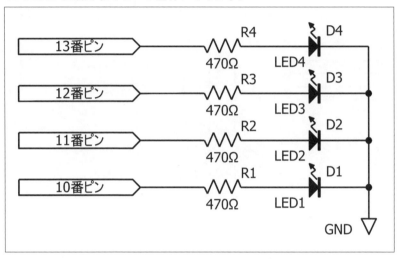

図2-26 「LED点灯回路」の回路図

今回使っているLEDの順方向電圧は「1.7V」であるため、「5V」を印加したときに流れる電流値「I_F」は、以下のように示されます。

$$I_F = \frac{5.0 - 1.7}{470} = 7.0[\mathrm{mA}]$$

電流値を大きくすると光の強度は高くなります。そのため、抵抗値を小さくすることで電流値を大きくし、より明るく光らせることが可能です。

しかし、「定格電流」を超えると壊れてしまう場合があるので、注意しましょう。

*

図2-27に示す「スイッチ入力回路」では、スイッチを押していないときOFFの状態となり、各ピンはGNDに接続されるため、各ピンの電位が「0V」になり

ます。

　一方、スイッチを押したときはONの状態になるため、各ピンは5Vに接続された状態になり、各ピンの電位が「5V」となります。

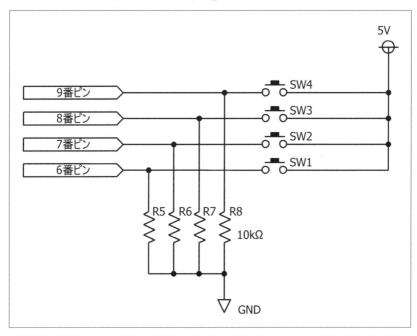

図2-27 「スイッチ入力回路」の回路図

　図**2-28**の回路で使っている「可変抵抗」は、上部にあるプラス部分をドライバなどで回すことで、「A0ピン」の電位を、「0～5V」の範囲で変化させることができます。

*

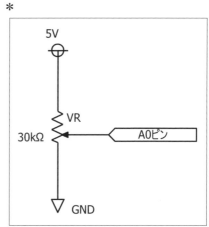

図2-28 「可変抵抗回路」の回路図

■「テスト・シールド」の実装

図2-20の回路の配線図を、図2-29に示します。

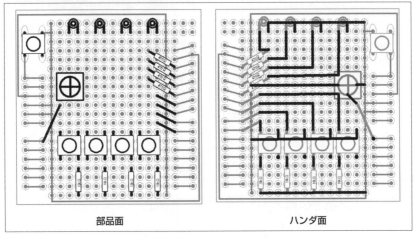

部品面　　　　　　　　　　　　　　　　　ハンダ面

図2-29　「テスト・シールド」の配線図

「部品面」は、「回路部品」と「配線用の被覆線」を示しています。

また、「ハンダ面」の太線は、「抵抗などの電子部品のリード線」と「錫メッキ線」による配線を示しています。

今回の実装では、背の低い部品から順番にハンダ付けして、完成後に動作確認を行ないます。

ここで述べる手順はあくまで1つの方法なので、この通りでなくてもかまいません。

[1]最初は、図2-30 (左)に示すように、「GND」ラインと「Vcc」ラインに接続する「錫メッキ線」の実装を行ないます。

「ラジオペンチ」を用いて「錫メッキ線」をL字型に加工します。

「ランド」に「錫メッキ線」を挿し込み、「ヒートクリップ」などで固定した状態でハンダ付けを行ないます(図2-30 (右))。

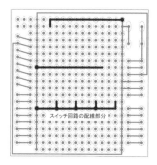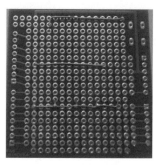

図2-30　「錫メッキ線」のハンダ付けの配線図(ハンダ面)と実装写真

　下部分の「スイッチ回路」部分のハンダ付けでは、**図2-31 (左)**のように3穴目でL字に曲げます。

　そして、**図2-31 (右)**のように、次の「錫メッキ線」を穴に挿し込んだ状態でハンダ付けを行ないます。

　この手順を4回繰り返すことで、スイッチ回路の配線部分が実装できます。

図2-31　スイッチ回路のハンダ付け手順

[2]次に、「10kΩ抵抗」のハンダ付けを行ないます。

　「10kΩ抵抗」の配線(**図2-32 (左)**の下部分)は、「抵抗」のリード線をそのまま使って配線します。

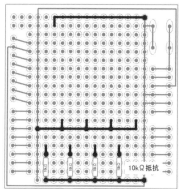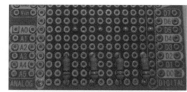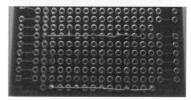

図2-32　「10kΩ抵抗」のハンダ付けの配線図(ハンダ面)と実装写真

　図2-33 (中)に示すように、「10kΩ抵抗」を基板に取付け、上側のリード線は
そのまま上方向に寝かした状態に曲げて、下側のリード線はGND線側に延
ばすように寝かした状態で曲げます。

　そして、上側のリード線は、1穴ぶんの長さだけ残してリード線を切ります。

　下側のリード線は、隣の抵抗の挿し込み穴までの長さを残してリード線を
切ります。

　次の抵抗をハンダ付けする際は、横から伸びたリード線と一緒にハンダ付
けを行ないます(図2-33 (右))。

　これを繰り返して行ない、4つ目の抵抗をハンダ付けした後は、伸ばした
リード線を、GND線の「ランド」にハンダ付けします。

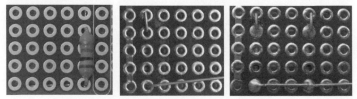

図2-33　「10kΩ抵抗」のハンダ付け手順

[3]「470Ω抵抗」のハンダ付けは、図2-34のように行ないます。

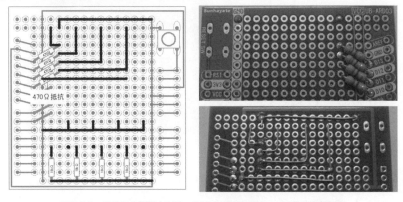

図2-34　「470Ω抵抗」のハンダ付けの配線図(ハンダ面)と実装写真

　「470Ω抵抗」の上側の2本の抵抗については、抵抗のリード線をそのまま
使い、下側の2本については「錫メッキ線」で配線を作ります。

「D10〜D13」の穴に入れたリード線については、そのままハンダ付けします。

上側の2本の基板側リードについてはLEDに接続する配線として使うので、横方向に寝かした状態に曲げます。

下側の2本の抵抗の配線に使う「錫メッキ線」は、そのままでは固定できないので、ヒートクリップなどで固定してハンダ付けを行ないます。

[4]「タクト・スイッチ」のハンダ付けは、**図2-35**のように行ないます。

「D6〜D9」への配線は、3cm程度の「被覆線」の両端1cmの被覆を、「ニッパー」や「ワイヤストリッパ」などを用いて剥ぎます。

スイッチ側の配線は、「錫メッキ線」を「ヒートクリップ」などで固定した状態で、「被覆線」と一緒にハンダ付けを行ないます。

その後、「タクト・スイッチ」について、直前の作業でハンダ付けがすんでいる「錫メッキ線」と接続するように、ハンダ付けをします。

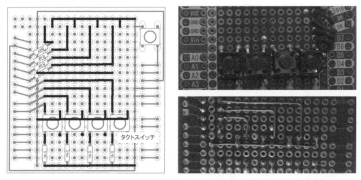

図2-35 「タクト・スイッチ」のハンダ付けの配線図(ハンダ面)と実装写真

[5]「可変抵抗」「被覆線」のハンダ付けと、「LED」のハンダ付けを**図2-36**、**2-37**のように続けて行ないます。

「LED」は極性(+と−)があるため、間違えないようにしましょう。

長いほうの足を「+」側に接続するため、抵抗側の足が長くなる向きにハンダ付けしてください。

また「ダイオード」は加熱しすぎると壊れやすいため、基板から少し離れた状態で、短時間でハンダ付けを行なってください。

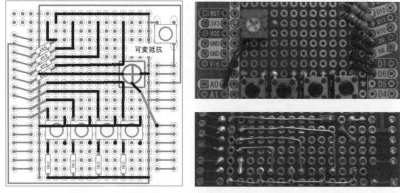

図2-36　「可変抵抗」のハンダ付けの配線図(ハンダ面)と実装写真

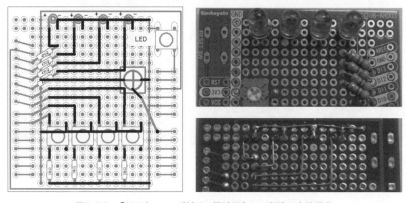

図2-37　「LED」のハンダ付けの配線図(ハンダ面)と実装写真

＊

図2-38に完成した「テスト・シールド」の実装写真を示します。

また、**図2-39**は、Arduinoと接続するためのピンヘッダをハンダ付けした「テスト・シールド」(左)と、Arduino上に「テスト・シールド」を載せた写真(右)です。

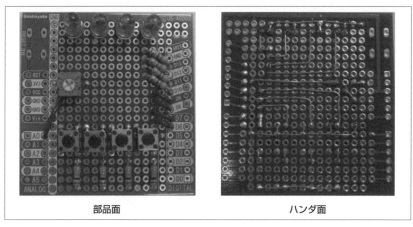

部品面　　　　　　　　　　　　　　　ハンダ面

図2-38　「テスト・シールド」の実装写真

図2-39　完成した「テスト・シールド」（右は Arduino ボードに装着した場合）

＊

　しかし、ハンダ付けが終わったら完成というわけでなく、正しく回路が実装できているか、動作を確認する必要があります。

■「テスト・シールド」の動作確認

　作った「テスト・シールド」の動作確認を行なうために必要なものは、「テスター」「Arduino」「ジャンパ線」です。

> ※ただし、「Arduino」は「テスト・シールド」の「5V電源」として使うので、電源を別に用意できるのであれば、必要ありません。

「テスター」(**図2-40**)とは、電圧や電流、抵抗など
を測定するための計測器で、電子回路を作る際に
は必須になるので、1台は持っていたほうがいいで
しょう。

最初は安価なものでかまいません。高い頻度で利
用するようになったら、少し良いものを使うように
しましょう。

図2-40　テスター「Fluke 114」(Fluke)

*

動作確認の手順は、次の通りです。

---

[1] まず、「Arduino」の「GND端子」と、「テスト・シールド」の「GND端子」を、
「ジャンパ線」で接続します(**図2-41**)。

図2-41　LED回路(D10端子)の動作確認

[2]「Arduino」の「5V端子」と「D10端子」を接続します。

Arduinoの電源が入ったとき、LEDが点灯すれば「D3」のLED回路は正常
です。

同様の手順で、「D11〜13」まで確認します。

[3]「Arduino」に「テスト・シールド」を載せます。

そして、「テスター」の「COM端子」(黒いプローブ)と「＋端子」を、それぞれ「Arduino」の「GND端子」と「D6端子」に接続して、「Arduino」の電源が入ったときに「D6端子」の電位を測定します(**図2-42**)。

「タクト・スイッチ」を押していない状態のときの「デジタル入力端子」の電位が「LOW」状態(0V)、スイッチを押した状態のときの「デジタル入力端子」の電位が「HIGH」状態(5V)になっていれば、「スイッチ回路」は正常です。

同様の手順で、「D7〜9」まで確認します。

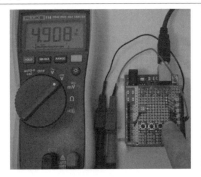

スイッチを押していない状態　　　　　　スイッチを押した状態

図2-42 「スイッチ回路」(D6端子)の動作確認

[4]最後に、「テスター」の「COM端子」(黒いプローブ)と「＋端子」をそれぞれ「Arduino」の「GND端子」と「A0端子」に接続します。

そして、「可変抵抗」を変化させながら「A0端子」の電位を測定して、「アナログ入力回路」の動作確認を行ないます。

図2-43に「プラスドライバー」で「可変抵抗」のつまみを時計回りに回転したときと、反時計回りに回転させたときの測定値を示します。

このように変化範囲が「0〜5V」であれば、正常動作になります。

| 時計回りに回転した状態 | 反時計回りに回転した状態 |

図2-43 「アナログ入力回路」(AO端子)の動作確認

　この3つの動作確認で問題が出た場合は、回路不良があるということになります。先に示した**図2-38**、**図2-41～図2-43**の写真と比較して、よく確認してください。

＊

　また、回路の外観に間違いがないにもかかわらず動作しない場合は、ハンダ不良などの可能性が高いです。

　導通していなかったり、本来存在しない大きな抵抗がハンダ部分に生じている可能性があります。

　このような場合、「テスター」で、「電源端子」「GND端子」「入出力端子」の電位を計測することで、不良点を見つけることができます。

> ※この作業の際は、間違っている場所を探すのではなく、正しく動作している場所を確認することが重要です。どの部分が正常で、どの部分が正常でないかを評価することによって、ハンダ不良の場所を見つけることができます。

第章

「テスト・シールド」を用いた Arduino プログラム

この章では、前章で作った「テスト・シールド」を用いて、「デジタル入出力」「アナログ入出力」「シリアル通信機能」を用いて動作をさせてみます。
具体的には、「LEDの点滅」「LEDの順次点灯」「LEDの明るさ制御」「スイッチ入力」「アナログ入力」「シリアル通信によるアナログ値の計測プログラム」を作り、最後にそれらの応用プログラムとして、「点灯するLEDの順番を記憶するゲーム」(サイモン・ゲーム)を作ります。

3-1　デジタル出力

■ LEDの点滅プログラム（1つのLEDが点滅）

「テスト・シールド」をArduinoボードに装着した状態で、動作確認をします。

第1章で述べたように、「Arduino IDE」のツールバー上の ◎ をクリックして、プログラムの「コンパイル」と、Arduinoボードへの「書き込み」を実行します。これで、「テスト・シールド」上のLEDが1秒間隔で点滅します（**図3-1**）。

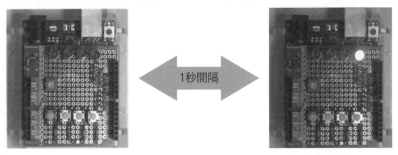

1秒間隔

図3-1　「テスト・シールド」のLED点滅の実行状態

プログラムに不具合があると、スケッチの下部分にエラーメッセージが表示されて、正しくコンパイルできません（**図3-2**）。

このようなときは、エラーメッセージが示す部分をよく確認して、間違いを修正した後に、改めてコンパイルします。この手順を、エラーが表示されなくなるまで行ないます。

```
// the loop routine runs over and over again forever:
void loop() {
  digitalWrite(led, HIGH);   // turn the LED on (HIGH is the voltage level)
  delay(1000);               // wait for a second
  digitalWrite(led, LOW)     // turn the LED off by making the voltage LOW
  delay(1000);               // wait for a second
}

expected ';' before 'delay'

Blink.ino: In function 'void loop()':
Blink:23: error: expected ';' before 'delay'

23                                          Arduino Uno on COM1
```

図3-2　「Arduino IDE」のエラー表示

＊

以下に示す**リスト3-1**は、「スケッチの例」→「01.Basics」→「Blink」で起動し
たサンプルプログラムです。

第1章では、このプログラムを用いて、Arduinoボード上に用意されている
LEDの点滅を確認しました。

【リスト3-1】LEDの点滅プログラム①

```
/*
  LED点滅1
 */

int led = 13;                 // 変数ledの宣言と初期化

void setup() {                // 常に必要. 最初に1回だけ実行
  pinMode(led, OUTPUT);       // D13ピンを出力に設定
}

void loop() {                 // 常に必要. 繰り返し実行される
  digitalWrite(led, HIGH);    // D13ピンをHIGH状態 (5V出力)
  delay(1000);                // 1000 ミリ秒待機
  digitalWrite(led, LOW);     // D13ピンをLOW状態 (0V出力)
  delay(1000);                // 1000 ミリ秒待機
}
```

[プログラム解説]

「void setup ()」と「void loop ()」は、Arduinoのプログラムでは常に必要で
す。これは一般のC言語のプログラムとは異なります。

「void setup ()」は、プログラムが実行されるときに、最初に一度だけ実行さ
れる内容です。

一方、「void loop ()」は、「setup ()」が実行された後に、繰り返し実行され
ます。

＊

「void setup ()」の前に書かれている「int led = 13;」は、プログラム内で使う
整数(int)の変数「led」に「13」を代入していることを示しています。

この変数は、「大域変数」と呼ばれていて、プログラム内のどこでも使うこ
とができ、「整数(int)型」以外に「実数(float)型」や「文字(char)型」などもあり
ます。

＊

「setup ()」内にある「pinMode ()」は、Arduinoに用意されているピンのデジタル入出力を設定するものです。

「pinMode (led, OUTPUT)」は、13番ピン (D13ピン) をデジタル出力ピンに設定しています。

変数「led」には「13」が代入されているため、「pinMode (13, OUTPUT)」と同じ意味になります。

この入出力の設定は、「setup ()」で最初に一度だけ行なっています。

＊

「loop ()」内の「digitalWrite ()」という命令は、指定されたピンをHIGHの状態(5V出力)、またはLOWの状態(0V出力)に設定するものです。

「digitalWrite (led, HIGH)」という命令は、「13番ピン (D13ピン) をHIGHの状態(5V出力)に設定する」という意味です。

＊

「delay ()」という命令は、「設定時間(単位はミリ秒)待機する」という命令です。

「delay (1000)」は、「現在の状態で1000ミリ秒待機する」という意味になります。

このプログラムを実行すると、D11ピンをHIGHの状態で1000ミリ秒待機、LOWの状態で1000ミリ秒待機を繰り返します。

＊

Arduinoボード内の「LED回路」を、**図3-3**に示します。

抵抗「R」は、LEDに流れる電流値を制限するためのものです。

D13ピンに「5V出力」されているときは、LEDに電流が流れて点灯します。

一方、「0V出力」されているときは電流が流れないため、LEDは点灯しません。

これらの命令が「loop ()」内に書かれているため、Arduinoの電源が入っている間は常にLEDの点滅が続きます。

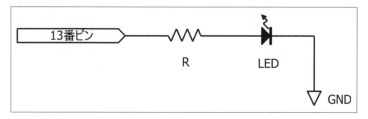

図3-3 「13番ピン」に接続されているLED回路

*

試しに、「delay (1000)」を「delay (300)」に変更し、ツールバー上の◉をクリックしてみてください。

新しいプログラムがコンパイルされてArduinoボードに書き込まれ、点滅の間隔が短くなるはずです。

■ LEDの点滅プログラム(4つのLEDが点滅)

次に、Arduinoボードの D10～ D13ピンに接続されている「テスト・シールド」上の4つのLEDが、同時に点滅動作をするプログラム(リスト3-2)について説明します。

【リスト3-2】LEDの点滅プログラム②

```
/*
  LED点滅2
*/

int led1 = 10;              // 変数led1の宣言と代入(10を代入)
int led2 = 11;              // 変数led2の宣言と代入(11を代入)
int led3 = 12;              // 変数led3の宣言と代入(12を代入)
int led4 = 13;              // 変数led4の宣言と代入(13を代入)

void setup() {
  pinMode(led1, OUTPUT);    // D10ピンを出力に設定
  pinMode(led2, OUTPUT);    // D11ピンを出力に設定
  pinMode(led3, OUTPUT);    // D12ピンを出力に設定
  pinMode(led4, OUTPUT);    // D13ピンを出力に設定
}

void loop() {
  digitalWrite(led1, HIGH); // D10ピンをHIGH状態(5V出力)
  digitalWrite(led2, HIGH); // D11ピンをHIGH状態(5V出力)
  digitalWrite(led3, HIGH); // D12ピンをHIGH状態(5V出力)
  digitalWrite(led4, HIGH); // D13ピンをHIGH状態(5V出力)
  delay(1000);
```

```
     digitalWrite(led1, LOW);     // D10ピンをLOW状態（0V出力）

     digitalWrite(led2, LOW);     // D11ピンをLOW状態（0V出力）
     digitalWrite(led3, LOW);     // D12ピンをLOW状態（0V出力）
     digitalWrite(led4, LOW);     // D13ピンをLOW状態（0V出力）
     delay(1000);
}
```

*

　このプログラムは**リスト3-1**を拡張したもので、4つのLEDが同時に1秒間隔で点灯と消灯を繰り返します。

　このプログラムも、「delay ()」の引数の値を変化させることで、点滅間隔を変えることができます。

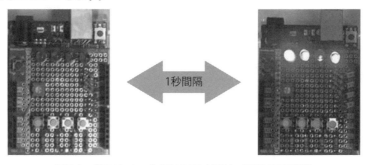

1秒間隔

図3-4　「テスト・シールド」のLED点滅（4つ同時）の実行状態

[プログラム解説]

　4つのLEDは、D10～ D13ピンの4つのデジタル出力ピンに接続されているため、利用する変数として「LED1～ LED4」の4つを用意し、それぞれに10～13のピン番号を代入しています。

*

　「setup ()」内においてD10～ D13ピンに対して「pinMode ()」でデジタル出力の設定を行ないます。

*

　「loop ()」内において、「digitalWrite ()」で「HIGH/LOW」の出力制御をすることによって、LEDを「点灯/消灯」させています。

■ LEDの順次点灯プログラム

リスト3-3は、4つのLEDを左から順に点灯させるプログラムです。

【リスト3-3】LED順次点灯プログラム①

```
/*
  LED順次点灯1
*/

// 変数の宣言と初期化
int led1 = 10;
int led2 = 11;
int led3 = 12;
int led4 = 13;

void setup() {
  // デジタル出力の設定 (D3,D9～D11ピン)
  pinMode(led1, OUTPUT);
  pinMode(led2, OUTPUT);
  pinMode(led3, OUTPUT);
  pinMode(led4, OUTPUT);
  // LED1～4を全て消灯
  digitalWrite(led1, LOW);
  digitalWrite(led2, LOW);
  digitalWrite(led3, LOW);
  digitalWrite(led4, LOW);}
}

void loop() {
  // LED1を100ミリ秒点灯後消灯
  digitalWrite(led1, HIGH);
  delay(100);
  digitalWrite(led1, LOW);
  // LED2を100ミリ秒点灯後消灯
  digitalWrite(led2, HIGH);
  delay(100);
  digitalWrite(led2, LOW);
  // LED3を100ミリ秒点灯後消灯
  digitalWrite(led3, HIGH);
  delay(100);
  digitalWrite(led3, LOW);
  // LED4を100ミリ秒点灯後消灯
  digitalWrite(led4, HIGH);
  delay(100);
  digitalWrite(led4, LOW);
}
```

点滅の間隔は「100ミリ秒」で、**図3-5**のように変化します。

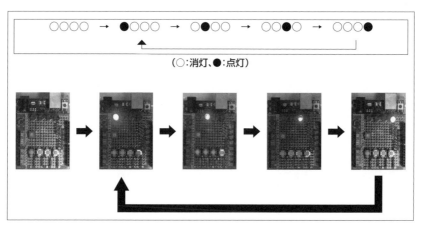

図3-5 「テスト・シールド」には「LEDの順次点灯」の実行状態

前述の**リスト3-2**を変更し、初期状態では4個すべてのLEDが消灯していて、そこから「LED1」の点灯状態を100ミリ秒待機後に消灯し、この処理を「LED2」「LED3」「LED4」の順に実行します。

そして「void loop ()」でこれらの処理を繰り返し実行することで、LEDの順次点灯が行なわれます。

●「配列」を使ってプログラムを改良する

リスト3-3は、プログラムがやや長たらしくなっています。

このプログラムは、「配列」や「繰り返し処理」を使うことで、もっと簡潔な表現に変えることができます。

＊

まず、「配列」を使ってプログラムを少し改良してみます(**リスト3-4**)。

【リスト3-4】LEDの順次点灯プログラム②

```
/*
  LED順次点灯2
*/

// 配列の宣言と初期化
int led [5] = { 0, 10, 11, 12, 13 };
```

```
void setup() {
  // デジタル出力の設定（D3,D9～ D11ピン）
  pinMode(led [1], OUTPUT);
  pinMode(led [2], OUTPUT);
  pinMode(led [3], OUTPUT);
  pinMode(led [4], OUTPUT);
  // LED1～4を全て消灯
  digitalWrite(led [1], LOW);
  digitalWrite(led [2], LOW);
  digitalWrite(led [3], LOW);
  digitalWrite(led [4], LOW);
}

void loop() {
  // LED1を100ミリ秒点灯後消灯
  digitalWrite(led [1], HIGH);
  delay(100);
  digitalWrite(led [1], LOW);
  // LED2を100ミリ秒点灯後消灯
  digitalWrite(led [2], HIGH);
  delay(100);
  digitalWrite(led [2], LOW);
  // LED3を100ミリ秒点灯後消灯
  digitalWrite(led [3], HIGH);
  delay(100);
  digitalWrite(led [3], LOW);
  // LED4を100ミリ秒点灯後消灯
  digitalWrite(led [4], HIGH);
  delay(100);
  digitalWrite(led [4], LOW);
}
```

[プログラム解説]

「配列」は、同じ種類のデータを並べたようなもので、「名前」（配列名）と「順序番号」（添え字）の付いた変数です。

大量の同じ種類のデータを扱う場合に、便利な考え方です。

図3-6の例では、「led」を「配列名」、「led [1]」や「led [2]」を「配列要素」と呼びます。

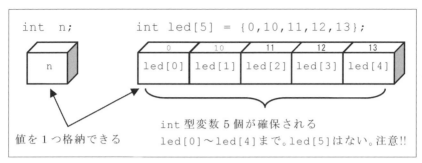

図3-6 「配列」のメモリ確保

「配列要素」にはint型(整数)の値を1つ格納することができます。

たとえば、

int led [5] = {0,10,11,12,13};

と宣言したときは、int型変数5個を確保し、確保される要素は「led [0]」〜「led [4]」となります。

そして、「led [0], led [1], ……, led [4]」へ順番に「0, 10, 11, 12, 13」を代入しています。

リスト3-4では、このように配列「led」に値を代入しており、**リスト3-3**の「led1, led2, led3, led4」は、それぞれ「led [1], led [2], led [3], led [4]」に対応しています。

配列要素「led [0]」は、プログラム内では使われませんが、配列の宣言および初期化で必要なため、「0」を代入しています。

なお、「配列要素に値を読み込む」「配列要素の値を表示する」「配列要素の値を代入する」「計算式の中で配列要素の値を使う」といったときは、いずれも「配列名」と「添字」を使って、「led [1]」のように指定します。

「添字」には、整数型の定数、変数または式が使えますが、実数型は使うことができません。

*

確保されていない「配列要素」に強引に値を代入すると(ここでは、「led [5] =15;」などの代入文を実行するなど)、プログラムの暴走につながる可能性があります。

また、「led [1.0]」なども使うことができないので注意が必要です。

●「繰り返し処理」を使ってプログラムを改良する

続けて、「繰り返し処理」を使って、さらにプログラムを改良してみましょう。
リスト3-4を改良したプログラムが、リスト3-5になります。

【リスト3-5】LEDの順次点灯プログラム③

```
/*
  LED順次点灯3
*/

// 配列の宣言と初期化
int led [5] = { 0, 10, 11, 12, 13 };

void setup() {
  int i;                          // 関数setup内で使用する変数の宣言
  // デジタル出力の設定 (D10～D13ピン)
  for ( i=1; i<=4; i++ ) {
    pinMode(led [i], OUTPUT);
  }
  // LED1～4をすべて消灯
  for ( i=1; i<=4; i++ ) {
    digitalWrite(led [i], LOW);
  }
}

void loop() {
  int i;                          // 関数setup内で使用する変数の宣言
  // LED1～LED4を順次点灯・消灯の処理実行
  for ( i=1; i<=4; i++ ) {
    // LED [i]を100ミリ秒点灯後消灯
    digitalWrite(led [i], HIGH);
    delay(100);
    digitalWrite(led [i], LOW);
  }
}
```

[プログラム解説]

Arduinoで利用できる「繰り返し処理」には、「for文」「while文」「do～while文」があり、リスト3-5では「for文」を使っています。

「for文」は繰り返す回数が決まっている処理によく用いられ、書式は以下のようになります。

```
for ( 初期化設定;継続条件;変更処理) {
   繰り返す処理
}
```

　リスト3-5では、「for文」を用いることでリスト3-4に見られるような同じような処理の繰り返しを、次のようにまとめて記述しています。

```
pinMode(led [1], OUTPUT);
pinMode(led [2], OUTPUT);
pinMode(led [3], OUTPUT);
pinMode(led [4], OUTPUT);
```
➡
```
for ( i=1; i<=4; i++ ) {
    pinMode(led [i], OUTPUT);
}
```

```
digitalWrite(led [1], LOW);
digitalWrite(led [2], LOW);
digitalWrite(led [3], LOW);
digitalWrite(led [4], LOW);
```
➡
```
for ( i=1; i<=4; i++ ) {
    digitalWrite(led [i], LOW);
}
```

```
digitalWrite(led [1], HIGH);
delay(100);
digitalWrite(led [1], LOW);
```

```
digitalWrite(led [2], HIGH);
delay(100);
digitalWrite(led [2], LOW);
```
➡
```
for ( i=1; i<=4; i++ ) {
  digitalWrite(led [i], HIGH);
  delay(100);
  digitalWrite(led [i], LOW);
}
```

```
digitalWrite(led [3], HIGH);
delay(100);
digitalWrite(led [3], LOW);
```

```
digitalWrite(led [4], HIGH);
delay(100);
digitalWrite(led [4], LOW);
```

　「for (i=1; i<=4; i++) { } 」は、「i=1」から「i=4」まで、「i」を「1」ずつ増加させて繰り返します。
　ここで、「i=1」は繰り返し処理の初期化設定、「i<=4」は「i」が「4以下」のときに繰り返し処理を実行するという継続条件であり、「i++」は「i=i+1」と同じ意味の変更処理です。

　また、「setup ()」内および「loop ()」内にある「int i;」は、その関数内でのみ有効な、「ローカル変数」として宣言されています。

3-2　アナログ出力

■「PWM出力」とは

　「Arduino UNO」の「3,5,6,9,10,11」番のデジタル入出力ピンは、「PWM出力」によって、「仮想的なアナログ出力ピン」として使うことができます。

＊

　「PWM」(Pulse Width Modulation) は「パルス幅変調」という意味で、「ON/OFF」の切り替えを高速に行なうことで、ON (5V)とOFF (0V)との中間の電圧を作り出す方法です。

　たとえば、**図3-7 (a)**のようにON (5V)とOFF (0V)を等間隔で高速に繰り返すと、実際にテスターで計測した電圧は、**図3-7 (b)**のようにONでもOFFでもなく、真ん中の「2.5V」程度になります。

　これは、テスターでは速い変化に追従できず、平均的な値が表示されるためです。

　このようにしてONとOFFの比を変えることで、擬似的にアナログ電圧を出力させることができます。

＊

　1周期(ON/OFF 1回)の幅「T0」と、ONの幅「T1」を用いて表わされる比、「T1:T0」(または「T1/T0 [%]」)は、「デューティ比」と呼ばれ、Arduinoの場合「0～255」の256段階の「デューティ比」で、「PWM出力」ができます。

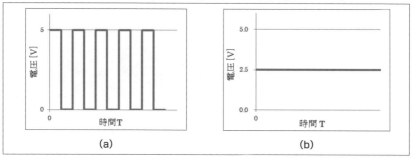

図3-7　「PWM制御」の模式図。デューティ比は「1:2」(50 [%])

「3, 9,10,11」番ピンの周波数(1秒間に「ON/OFF」を繰り返す回数)は「490 [Hz]」で、「5,6番ピン」の周波数は「980 [Hz]」になっています。

図3-3のLED回路に、このような「PWM出力」が行なわれると、高速で点灯と消灯を繰り返されることになります。
しかし、人間の目では、その残像効果によって50Hz程度の周波数までしか点滅を認識できません。
そのため「490Hz」の点滅では、少し弱く連続点灯しているように見えます。

また、次章で述べる「モータドライブ回路」など、高速の「PWM出力」に対応していない通常のICについても、この程度の周波数ならばほとんどの場合、問題なく動作します。
そういった意味で、Arduinoの「PWM出力」では、「490 [Hz]」という周波数が設定されているのだと思います。

■「PWM出力」によるLEDの明るさ制御プログラム

「PWM出力」でLEDの明るさを制御するプログラムは、**リスト3-6**のようになります。

【リスト3-6】「PWM出力」によるLEDの明るさ制御プログラム

```
/*
  アナログ出力(PWM出力による出力制御)
*/
int led = 11;

void setup() {
  pinMode(led, OUTPUT);
}

void loop() {
  for(int fadeValue = 0 ; fadeValue <= 255; fadeValue +=5) {
    analogWrite(led, fadeValue);
    delay(30);
  }
}
```

[プログラム解説]

「setup ()」内で宣言している「pinMode (led, OUTPUT);」で、「D10」を出力ピンとして設定しています。

＊

「for文」の変更処理である「fadeValue +=5」は、「fadeValue = fadeValue+5」と同じ意味です。つまり、「fadeValue」の値が「0」から「255」まで「5」ずつ増加しながら、繰り返し処理である「analogWrite (led, fadeValue);」を実行していることを示しています。

＊

関数「analogWrite ()」は、指定したピンについて、「0～255」の256段階のデューティ比で「PWM出力」を行なう命令です。

このプログラムでは、ledピンに「fadeValue/255」のデューティ比で、「HIGH/LOW」の電圧を「490 [Hz]」で出力します。

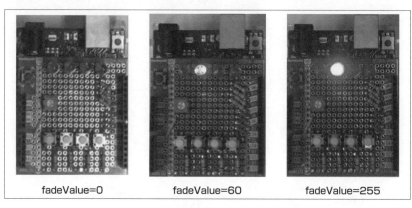

| fadeValue=0 | fadeValue=60 | fadeValue=255 |

図3-8　リスト3-6でのLED点灯の実行状態

3-3　「スイッチ入力」によるLED点灯

　「Arduino UNO」に用意されているデジタル入力機能を用いて、「スイッチ入力」の判別を行ないます。

　「Arduino UNO」の13本のデジタルピンは、「デジタル出力／入力」として使えます。
　デジタル入力ピンに設定した場合は、HIGH (5V)とLOW (0V)の状態を、Arduinoで判定できます。

＊

　「テスト・シールド」に用意されている「スイッチ入力回路」(**図3-9**)において、「スイッチを押していないとき」は「OFF状態」となり、D6ピンは「GND」に接続されるため、電位は「0V」になります。
　一方、「スイッチを押したとき」は「ON状態」となり、D6ピンは「5V」に接続されるため、電位は「5V」となります。

　このようにしてD6ピンの電位をHIGH (5V)とLOW (0V)の状態に変化させることができます。

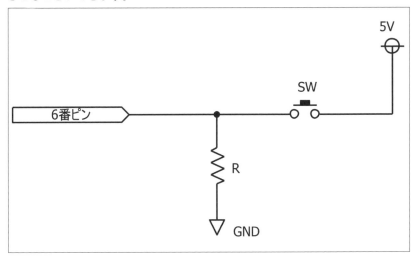

図3-9　「スイッチ入力回路」の回路図

■ プルダウン抵抗

ここで、抵抗「R」がない場合を考えてみましょう。

*

スイッチがOFF状態だとすると、D6ピンがどこにも接続されていない、いわゆる"浮いている状態"になります。

このような状態では、D6ピンの電位が不安定になるため、正しく動作しなくなってしまいます。

つまり、抵抗「R」は、HIGH (5V) と LOW (0V) の信号を確実に伝えるために必要なものなのです。

このような使われ方をする抵抗「R」を、「プルダウン抵抗」と呼びます。

「プルダウン抵抗」の大きさは、「10kΩ」程度で充分です。

■ 「スイッチ入力」を使ったLED点灯プログラム

「スイッチ入力」によるLED点灯プログラムを、リスト3-7に示します。

【リスト3-7】「スイッチ入力」によるLED点灯プログラム①

```
/*
  スイッチ入力による LED点灯1
*/

int sw1  = 9;
int sw2  = 8;
int sw3  = 7;
int sw4  = 6;
int led1 = 10;
int led2 = 11;
int led3 = 12;
int led4 = 13;

void setup() {
  pinMode(sw1,  INPUT);
  pinMode(sw2,  INPUT);
  pinMode(sw3,  INPUT);
  pinMode(sw4,  INPUT);
  pinMode(led1, OUTPUT);
  pinMode(led2, OUTPUT);
  pinMode(led3, OUTPUT);
  pinMode(led4, OUTPUT);
```

```
}

void loop() {
  if ( digitalRead(sw1) == HIGH ) digitalWrite(led1, HIGH);
  else                            digitalWrite(led1, LOW);
  if ( digitalRead(sw2) == HIGH ) digitalWrite(led2, HIGH);
  else                            digitalWrite(led2, LOW);
  if ( digitalRead(sw3) == HIGH ) digitalWrite(led3, HIGH);
  else                            digitalWrite(led3, LOW);
  if ( digitalRead(sw4) == HIGH ) digitalWrite(led4, HIGH);
  else                            digitalWrite(led4, LOW);
}
```

[プログラム解説]

このプログラムでは、「SW1～SW4」のスイッチを押した場合、それぞれ「LED1～LED4」が点灯します。

そのため、「setup ()」内の「pinMode (sw1, INPUT);」でスイッチ回路に接続されている「D6～D9ピン」をデジタル入力に設定します。

＊

次に、「if文」を用いて、「digitalRead (sw1)」で得た「D9ピン」(変数sw1)の状態(HIGH/LOW)によって、LEDの点灯処理を判別します。

「if」は条件によって次に実行する処理を選択する構造で、条件別に実行する処理を分けたいときに用いられます。

「if文」の記述方法とフローチャートは、次の通りです。

```
if( 条件式 ) {
  処理1
} else {
  処理2
}
次の処理
```

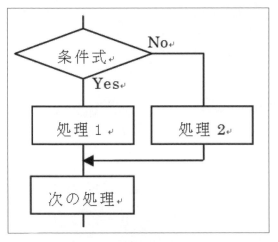

図3-10　「if文」のフローチャート

　「条件式」が成立すれば、「処理1」を実行してから、「次の処理」を実行します。
　「条件式」が成立しなければ、「処理2」を実行してから、「次の処理」を実行します。
　また、「else」以下は不要ならば省略できます。なお、「処理1」の実行文が1行の場合は、「{ }」を省略できます。

＊

　「条件式」に使える「関係演算子」を**表3-1**に示します。
　「関係演算子」は、2つの値の大小関係を判定するものです。

表3-1　「条件式」に用いる「関係演算子」

演算子	説　明	使用例と意味	
<	小さい	if (a<10)	もしaが10より小さいなら～
<=	小さいか等しい	if (a<=10)	もしaが10より小さいか等しいなら～
>	大きい	if (a>20)	もしaが20よ大きいなら～
>=	大きいか等しい	if (a>=20)	もしaが20より大きいか等しいなら～
==	等しい	if (a==30)	もしaが30なら～
!=	等しくない	if (a!=40)	もしaが40でないなら～

＊

　「if (digitalRead (sw1) == HIGH) digitalWrite (led1, HIGH);」では、「D9

ピン」(変数sw1)の状態がHIGHならば、「D10ピン」(変数led1)がHIGH状態(5V出力)に設定され、LEDが点灯します。

　一方、「D9ピン」の状態がLOWならば、「else　digitalWrite (led1, LOW);」により、「D10ピン」がLOW状態(0V出力)に設定され、LEDが消灯します。

■ プログラムの改良

　リスト3-7は、リスト3-5と同じように「配列」と「繰り返し処理」を用いることによって、リスト3-8に修正できます。

【リスト3-8】「スイッチ入力」によるLED点灯プログラム②

```
/*
  スイッチ入力によるLED点灯2
*/

int sw [5]  = { 0,9,8,7,6 };
int led [5] = { 0,10,11,12,13 };

void setup() {
  int i;
  for (i=1; i<=4; i++) pinMode( sw [i], INPUT );
  for (i=1; i<=4; i++) pinMode( led [i], OUTPUT );
}

void loop() {
  for (int i=1; i<=4; i++) {
    if ( digitalRead(sw [i]) == HIGH )
      digitalWrite(led [i], HIGH);
    else
      digitalWrite(led [i], LOW);
  }
}
```

3-4 「シリアル通信」によるアナログ入力値の計測

Arduinoには「シリアル通信機能」があり、ArduinoからPCにデータを送って、その結果をターミナルソフトに表示できます。

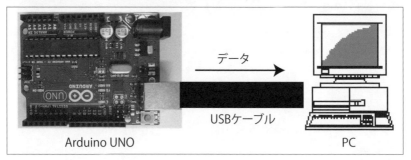

図3-11 「シリアル通信」の模式図

*

リスト3-9は、ArduinoからPCに文字列データ「Hello World!」を1秒間隔で送信するプログラムです。

【リスト3-9】シリアル通信プログラム①

```
/*
  シリアル通信による文字列送信
*/

void setup() {
  Serial.begin(9600);                 // 通信速度の設定
}

void loop() {
  Serial.println("Hello World!");     // "Hello World!"の送信
  delay(1000);
}
```

[プログラム解説]

「Serial.begin (9600);」は、通信速度を「9600bps」に設定しています。

「シリアル通信」は1本の線でデータを通信しているので、送信側と受信側で通信速度を一致させる必要があり、ターミナルソフト側の通信速度も「9600bps」に設定します。

*

「Serial.println ("Hello World!");」は、文字列「Hello World!」をシリアル通信に送信します。

■「シリアル・モニタ」を起動する

「コンパイル」と「書き込み」が終わったら、スケッチのツールバー上にある⊙をクリックすると(**図3-12**)、「シリアル・モニタ」が起動します。

※また、メニューの「ツール」→「シリアル・モニタ」のクリックや、キーボードから「Ctrl+Shift+M」の入力でも、起動できます。

「シリアル・モニタ」が起動すると、1秒ごとに「Hello World!」の文字が表示されます。

図3-12 「シリアル・モニタ」の起動手順

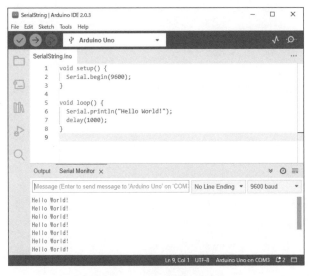

図3-13 「リスト3-9」の実行結果

*

リスト3-10は、「0」から「255」までの整数値を1秒ごとにシリアル通信に送信するプログラムです。実行結果を図3-14に示します。

【リスト3-10】シリアル通信プログラム②

```
/*
  シリアル通信による数値の通信
*/

void setup() {
  Serial.begin(9600);  // 通信速度の設定
}

void loop() {
  for (int i=0; i<=255; i++) {
    Serial.println(i);    // 整数iの送信
    delay(1000);
  }
}
```

図3-14 「リスト3-10」の実行結果

■「アナログ入力値」のシリアル通信

リスト3-11は、「アナログ入力値」をシリアル通信するプログラムです。

【リスト3-11】「アナログ入力値」のシリアル通信プログラム

```
/*
   アナログ入力値のシリアル通信
*/

void setup() {
  Serial.begin(9600);
}

void loop() {
  int sensorValue = analogRead(A0);
  Serial.println(sensorValue);
  delay(1);
}
```

[プログラム解説]

「int sensorValue = analogRead (A0);」は、「A0ピン」の電圧値に相当する
デジタル値を「sensorValue」に代入します。

この電圧値に相当するデジタル値は、「0~5V」の電圧値が、「0~1023」の
1024段階の値に対応します。

*

「A0」に接続されている「可変抵抗回路」の回路図を図3-15に、リスト3-11の
実行結果を図3-16に示します。

図3-15の「可変抵抗回路」において、「可変抵抗」の抵抗値を変化させること
で、「A0ピン」の電位を「0~5V」の範囲で変化させることができます。

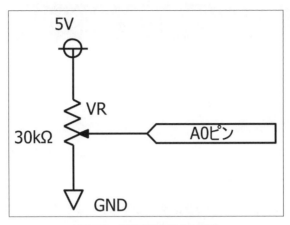

図3-15 「可変抵抗回路」の回路図

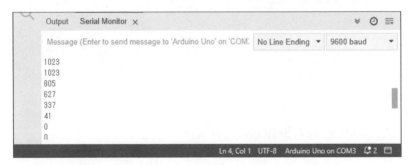

図3-16 「アナログ入力値」のシリアル通信プログラムの実行結果

3-5　「シリアル通信」によるArduinoの制御

　次に、Arduinoの「シリアル通信機能」のひとつである「受信機能」を用いた動作を解説します。

■ データの受信

　リスト3-12は、PCから送られた文字列をArduinoが受信し、一文字ずつPCに送信するプログラムです。

【リスト3-12】「シリアル通信」によるデータ受信プログラム

```
/*
  シリアル通信による文字列受信
*/
char str;

void setup() {
  Serial.begin(9600);
}

void loop() {
  if (Serial.available() > 0) {
    str = Serial.read();

    Serial.print("I received: ");
    Serial.println(str);
  }
}
```

[プログラム解説]

　「Serial.avalable ()」は、シリアルポートのバッファに保存されているデータのバイト数を返す関数です。

　つまり、PCからArduinoに文字データが送信されれば、「if文」が実行されます。

＊

　「Serial.read ()」は1バイト（1文字）ぶんのデータを読み込みます。

　1文字ずつデータを読み込んだら、その都度、PCに送信します。

＊

「コンパイル」「書き込み」後に「シリアル・モニタ」を起動します。

そして、「シリアル・モニタ」上部にある「送信用フィールド」に文字列「Hello」を入力し、送信ボタンをクリックしてみます（**図3-17**）。

その結果、「シリアル・モニタ」内にArduinoが受信した内容の文字列が表示されます（**図3-18**）。

図3-17　シリアルモニタ上からのデータ送信

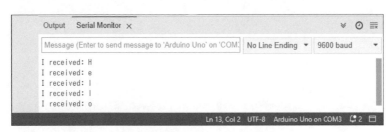

図3-18　「リスト3-12」の実行結果

「シリアル・モニタ」の「改行コードの設定」および「通信速度」は、それぞれ、「改行なし」と「9600 baud」に設定します。

「改行コードの設定」をデフォルトの「CRおよびLF」に設定すると、「改行コード」が表示されます。

■「シリアル通信」を利用してArduinoを制御

第3-3節では「スイッチ入力」によってLEDの点灯制御を行ないましたが、「スイッチ入力」の代わりにPCから送信した文字列によって、LEDの点灯制御を行なうプログラムをリスト3-13に示します。

【リスト3-13】「シリアル通信」によるLED点灯プログラム

```
/*
   シリアル通信によるLED点灯プログラム
*/

int led [5] = { 0, 10, 11, 12, 13 };
char str;

void setup() {
  for (int i=1; i<=4; i++) pinMode( led [i], OUTPUT );
  Serial.begin(9600);
}

void loop() {
  if (Serial.available() > 0) {
    str = Serial.read();
    Serial.print("I received: "); // 受信データを送り返す
    Serial.println(str,DEC);

    if ( str=='1')        digitalWrite(led [1], HIGH);
    else if ( str=='2') digitalWrite(led [2], HIGH);
    else if ( str=='3') digitalWrite(led [3], HIGH);
    else if ( str=='4') digitalWrite(led [4], HIGH);
    else for (int i=1; i<=4; i++) digitalWrite(led [i], LOW);
  }
}
```

「1〜4」を入力した場合は、それぞれ対応する番号のLEDが点灯します。
「1〜4」以外の文字を入力した場合は、すべてのLEDが消灯します。

3-6　記憶力ゲーム(サイモン・ゲーム)

次に、「記憶力ゲーム」というものを作ってみましょう。

＊

これは、別名「サイモン・ゲーム」とも呼ばれ、ドイツのラルフ・ベアという発明家が作った、記憶力を競う古典的な電子ゲームの一種です。

現在では、パソコン上のゲームやFlashゲームなどで、しばしば目にすることがあります。

■ ゲームのルール

今回作る「記憶力ゲーム」のルールは、以下のようなものです。

[1]「テスト・シールド」上のLEDが発光。
[2]プレイヤーは発光したLEDの場所を記憶し、LEDと同じ場所にあるSW(スイッチ)を押す。
[3]失敗した場合は、すべてのLEDてが点滅し、正解の場合は、LEDが順次点灯する。そして、先ほどのLEDが発光し、さらに続いて新たにLEDが発光する。
[4]プレイヤーは先ほどと同様に発行したLEDを覚えて、LEDと同じ場所にあるSW(スイッチ)を同じ順番に押す。
[5]以降、同様にランダムに発光するLEDを覚えて、SW(スイッチ)を発光した順番通りに押していく。

■ 「記憶力ゲーム」のプログラム

リスト3-14は、「記憶力ゲーム」のプログラムです。

「D6～D9」のスイッチ入力回路と、「D10～D13」のLED点灯回路を用いています。

＊

このプログラムは、今までのプログラムの拡張ですが、点灯するLEDの場所をランダムに決めるために、新たに「乱数」というものを用いています。

「乱数」とは、「サイコロの出目」のように規則性がなく予測不能な数値で、プ

ログラムでよく用いられます。

　プログラム上の「乱数」は、完全な不規則ではなく、ある規則性をもった数列で、その数列の初期値が同じ場合には同じ乱数列が発生します。
　それを避けるため、毎回同じ「乱数」の組み合わせにならないように、「可変抵抗回路」の入力によって、「乱数」の発生が変化するようにしてあります。

【リスト3-14】記憶力ゲーム（サイモン・ゲーム）

```
/*
  記憶力ゲーム ( サイモン・ゲーム )
*/

// 変数・配列の宣言
int light [100];
int sw [5]  = { 0,13,12,8,7 };
int led [5] = { 0,3,9,10,11 };

int count = 0;     // 回答数
boolean game_mode;   // 回答の成否

void setup() {
  Serial.begin(9600);
  for ( int i=1; i<=4; i++ ) pinMode( sw [i],  INPUT );
  for ( int i=1; i<=4; i++ ) pinMode( led [i], OUTPUT );
  for ( int i=0; i<100; i++ ) light [i] = 0;
  randomSeed(analogRead(A0));
  light [0] = random(4);
}

void loop() {
  int choice;
  int btn0;
  int time_limit;
  int btn;

  // 新しい問題番号を追加
  light [count] = random(4);
  count++;

  // 問題の表示
  for ( int i=0; i<count; i++ ) {
    // 表示LED を消す
    for ( int j=1; j<=4; j++ ) digitalWrite(led [j], LOW);
    // 問題のLED を表示
```

```
      digitalWrite(led [light [i]], HIGH);
      delay(500);
      // 表示LEDを消す
      for ( int j=1; j<=4; j++ ) digitalWrite(led [j], LOW);
      delay(300);
  }

  game_mode = true;
  for ( int i=0; i<count; i++ ) {
      // 押したSWの番号をchoiceに代入
      choice = 9;
      while( time_limit > 0){
          // 現在押されているボタン番号
          btn = 9;
          btn0 = 9;
          time_limit = 300;
          for ( int j=1; j<=4; j++ ) {
              if (digitalRead(sw [j]) == HIGH){
                  delay(10);
                  btn = j;
              }
          }

          // 以前のチェック時の状態と比較し、SW ON ⇒ SW OFF
          //ならば、そのボタン番号を返す
          if ((( btn0==0)||(btn0==1)||(btn0==2)||(btn0==3))
            &&(btn==9)){
          choice =  btn0;
          break;
          }
          btn0 = btn;  // 現在押されているボタン番号を記憶
          delay(10);
          --time_limit;
      }

      if ( choice == 9 ) game_mode = false;   // TIMEOUTの場合
      // 表示LEDを消す
      for ( int j=1; j<=4; j++ ) digitalWrite(led [j], LOW);
      // 入力した値のLEDを表示
      digitalWrite(led [choice], HIGH);
      delay(200);

      // 入力値と表示値が違う場合
      if ( choice != light [i] ) game_mode = false;
      // 表示LEDを消す
      for ( int j=1; j<=4; j++ ) digitalWrite(led [j], LOW);
  }
  delay(1000);
```

```
    // 成功・不成功時のLED表示
    if ( game_mode == true ) {
      // 成功した場合のLED表示
      for ( int i=0; i<5; i++ ) {
      // 表示LEDを消す
        for ( int j=1; j<=4; j++ ) digitalWrite(led[j], LOW);
        for ( int j=1; j<=4; j++ ) {
        // 表示LEDを消す
          for ( int k=1; k<=4; k++ ) digitalWrite(led[k], LOW);
          // 入力した値のLEDを表示
          digitalWrite(led[j], HIGH);
          delay(100);
        }
      }
    } else {
      // 失敗した場合のLED表示
      for ( int i=0; i<10; i++ ) {
        for ( int j=1; j<=4; j++ ) digitalWrite(led[j], HIGH);
        delay(300);
        for ( int j=1; j<=4; j++ ) digitalWrite(led[j], LOW);
        delay(300);
      }
      count = 0;
    }
}
```

[プログラム解説]

　「setup ()」内では、「シリアル通信速度の設定」「デジタル入力・出力の設定」「問題番号を記憶する配列light []の初期化」「乱数の種の発生」「最初に点灯するLEDの問題番号の生成」を行なっています。

＊

　「randomSeed (analogRead (A0));」は、「A0」の値を読み込むことで「乱数」の種を発生しています。

　このとき、「可変抵抗」の値を変えることで、「乱数」の発生順序が変化します。

＊

　「light [0] = random (4);」は、「random (4)」でランダムに発生させた「0〜3」の整数値を、配列要素「light [0]」に代入し、最初に点灯するLEDの問題番号を生成しています。

＊

　「loop ()」内では、「新しい問題番号の生成」「LEDの点灯による問題の表示」「設定時間内に押されたSW番号の記憶」「押したSW番号に相当するLEDの

点灯」「正解・不正解時の点滅表示」をしています。

　「新しい問題番号の生成」では、「乱数」による問題生成を行ない、問題の表示では最初の問題から連続してLEDを点灯させます。

　「SW番号の記憶」では、「SW ON」から「SW OFF」への状態変化が生じた場合に直前に押していた番号を記憶し、押した番号に相当するLEDを点灯させます。
　押した番号が正解の場合は、順次点灯を繰り返し、不正解の場合は4つすべてのLEDが点滅します。

■ プログラムの改良

　リスト3-14には、LEDの点灯と点滅処理が繰り返し行なわれており、やや長たらしいプログラムになっています。
　このプログラムを「関数」を用いて修正したものが次ページのリスト3-15です。

＊

　「関数」とはいくつかの機能をもった小さなプログラムであり、それらを組み合わせることで大きなプログラムを作ることができます。
　単純なプログラムであれば関数をあまり利用せずに作ることも可能ですが、ある程度の規模になると関数を使う必要性が出てきます。

　「関数」は、「何らかの機能をもった箱」と考えることができます。
　一般に「関数」は、データを入口から受け取った後、「関数」本体で処理を行ない、結果を出口から吐き出します（返します）。
　もし、入口のデータと関数本体で処理した結果が必要なければ、省略することもできます。

入　口　　　　**処　理**　　　　**出　口**

受け取るデータ　➡　関数本体　➡　関数からのデータ

図3-19　「関数」の処理の流れ

　ユーザー定義関数の書式は、次のように示されます。

```
関数値のデータ型　関数名（仮引数の並び）{
　関数の中で使う変数の宣言；
　機能の定義（関数本
　体）
　return 関数値；
}
```

　　　　　　　　　　　　　　　＊

　リスト3-15では、「新しい問題番号の生成」「LEDの点灯による問題の表示」「設定時間内に押されたSW番号の記憶」「押したSW番号に相当するLEDの点灯」「正解時の順次点灯表示」「不正解時の点滅表示」に「関数」を用いています。

　これによって、処理単位ごとのプログラムのまとまりが分かりやすく、プログラム全体の見通しが良くなっています。

【リスト3-15】記憶力ゲーム（サイモン・ゲーム）②

```
/*
  記憶力ゲーム（サイモン・ゲーム）2
*/

int light [100];
int sw [5]  = { 0,13,12,8,7 };
int led [5] = { 0,3,9,10,11 };

int count = 0;      // 回答数
boolean game_mode;  // 回答の成否

void setup() {
  Serial.begin(9600);
  for ( int i=1; i<=4; i++ ) pinMode( sw [i],  INPUT );
  for ( int i=1; i<=4; i++ ) pinMode( led [i], OUTPUT );
  for ( int i=0; i<100; i++ ) light [i] = 0;
  randomSeed(analogRead(A0));
  light [0] = random(4);
}

void loop() {
  add_to_led();       // 新しい問題番号を追加
  show_question();    // 問題の表示

  game_mode = true;
```

```
  for ( int i=0; i<count; i++ ) {
    int choice = wait_for_btn();   // 押したSWの番号
    if ( choice == 9 ) game_mode = false;   // TIMEOUTの場合
    set_leds(choice);   // 入力した値を表示
    delay(200);

    if ( choice != light[i] ) game_mode = false;
    set_leds(4);   // 表示LEDを消す
  }
  delay(1000);

  if ( game_mode == true ) seqBlink();   // 成功した場合のLED表示
  else                     allBlink();   // 失敗した場合のLED表示
}

// ボタンが押されるか、タイムアウトまで待つ。返り値は0〜3か9(失敗)
int wait_for_btn(){
  int btn0 = 9;
  int time_limit = 300;
  int btn;
  while( time_limit > 0){
    btn = check_btn();   // 現在押されているボタン番号
    if ((( (btn0==0)||(btn0==1)||(btn0==2)||(btn0==3))
       &&(btn==9))){
      return btn0;
    }
    btn0 = btn;       // 現在押されているボタン番号を記憶
    delay(10);
    --time_limit;
  }
  return 9;
}

// 返り値は0〜3か9(失敗)
int check_btn(){
  int i = 9;
  for ( int j=1; j<=4; j++ ) {
    if (digitalRead(sw[j]) == HIGH){
      delay(10);
      i = j;
    }
  }
  return i;
}

// 新しい問題番号を追加
void add_to_led() {
  light[count] = random(4);
  count++;
```

```
}
// 問題の表示
void show_question() {
  for ( int i=0; i<count; i++ ) {
    set_leds( light [i] );
    delay(500);
    set_leds( 4 );
    delay(300);
  }
}

// LEDの表示用関数
void set_leds(int leds) {
  for ( int j=1; j<=4; j++ ) digitalWrite(led [j], LOW);
  if ( leds<4 ) digitalWrite(led [leds], HIGH);
}

// すべてのLEDが点滅（失敗した場合の表示）
void allBlink() {
  count = 0;
  for ( int i=0; i<10; i++ ) {
    for ( int j=1; j<=4; j++ ) digitalWrite(led [j], HIGH);
    delay(300);
    for ( int j=1; j<=4; j++ ) digitalWrite(led [j], LOW);
    delay(300);
  }
}

// LEDが順次点灯（成功した場合の表示）
void seqBlink() {
  for ( int i=0; i<5; i++ ) {
    set_leds(4);
    for ( int j=1; j<=4; j++ ) {
      set_leds( j );
      delay(100);
    }
  }
}
```

第4章

モータドライブ回路

この章では、Arduinoからモータを制御する
ための、「電子回路」とその「Arduinoプログ
ラム」について説明します。
また、「MOS-FET」と「モータドライブIC」
(「TA7267BP」「TA7291P」) を 使 っ て
モータを制御する方法についても、学んでい
きましょう。

4-1　「移動型ロボット」の足回り部分の作製

■ 使用する部分

　モータの動作を確認するには、実際にモータ駆動で移動できるロボットを作る必要があります。

　そこでまず、モータの動作確認の目的も兼ねてロボットの足回り部分を作ります。

　(これは、**第5章**の「リモコン操作ロボット」、**第6章**の「ライントレース・ロボット」でも使います)。

＊

　ロボットの足回り部分で使う部品の一覧と写真を、**表4-1**、**図4-1**に示します。

表4-1　使用する工作部品

部品	型番	数量	参考価格
ツインギヤモータ	70097	1	840円
ユニバーサルプレート	70098	1	360円
タイヤセット	70111	1	540円
ボールキャスター	70144	1	360円

※部品はすべてタミヤ製

図4-1　使用する工作部品の写真

●土台部分の組立て

まず、モータで使う「ギヤボックス」(ツインギヤモータ)を作ります。

作り方は説明書通りですが、今回使う「ギヤボックス」では、「低速ギヤ」と「高速ギヤ」を選択できるので、最初は「低速ギヤ」を使ってください。

モータに印加する電圧の大きさにもよりますが、「高速ギヤ」の場合は、かなりのスピードが出てしまい、ロボットの制御が難しくなります。

そのため、最初は「低速ギヤ」で作って、必要ならば「高速ギヤ」に組み直してください。

「ギヤボックス」が完成したら、「ユニバーサルプレート」に、「ギヤボックス」「タイヤ」「ボールキャスター」を取り付けてください。

これで、土台部分が完成します(図4-2)。

この足回り部分の上に「Arduinoボード」や、さまざまな機能をもつ「Arduinoシールド」「電源用電池」「各種センサ回路」などを取り付けて、ロボットを作ります。

図4-2　土台部分の完成図

●「モータ端子」にリード線を付ける

続けて、「ギヤボックス」の「モータ端子」にリード線を付けるのですが、まず金属線が1cm程度出るように、線材のビニールの被覆を剥きます。

そして、金属線を指でつまんでねじり、「予備ハンダ」として、ごく小量のハンダを染み込ませます。

その後、端子に加工した線材とノイズ除去用のコンデンサ(0.1μF)を巻き付けて、ハンダ付けを行ないます(**図4-3**)。

なお、このモータ端子は薄い銅板なので、ハンダ付けによる加熱のしすぎで焼け切れる危険があります。

そのため、短時間でハンダが広がるように線材を巻き付けた端子部分にフラックスを塗ります。

そして、ハンダごての上にハンダを当てて、ハンダを溶かした状態でハンダ付けを行ない、ハンダが線材と端子部分に広がったところでハンダごてを離します。

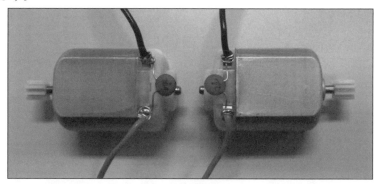

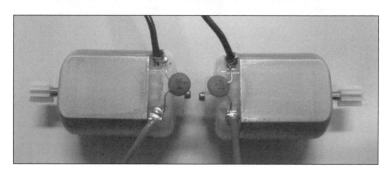

図4-3　「モータ端子」のハンダ付け手順写真

●「モータ」を「ギヤボックス」に取り付け

リード線をハンダ付けした「モータ」を「ギヤボックス」に取り付ける際は、「赤線」が下側になるように取り付けます。

この「ギヤボックス」は「低速ギヤ」を選択しており、**図4-4**で右を進行方向とした場合、「赤線」に「＋」、「黒線」に「－」の電圧を印加することで、ロボットの土台部分が前進します。

ただし、「高速ギヤ」の場合や、進行方向が逆の場合は、タイヤの回転方向が逆になるので注意してください。

図4-4　「モータ」の取り付け

●「ナイロンコネクタ」の取り付け

「モータ」のリード線の反対側には、2ピンの「ナイロンコネクタ（メス）」を取りつけます。

図4-5のように、被覆を剥いた金属線を圧着用の器具であるプライヤー（**図4-6**）で「ターミナル」（モレックス社、5159TL）に取り付けて、「ハウジング」（モレックス社、5051-02）に装着します。

> ※「プライヤー」がない場合は「ラジオペンチ」でも可能ですが、抜けやすくなるので、ハンダ付けが必要になる場合があります。

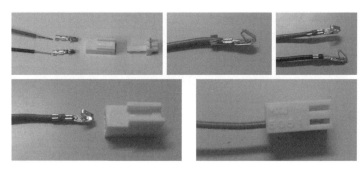

図4-5　コネクタへのリード線の取り付け手順

図4-6　コード・プライヤー

4-2 「MOS-FET」によるモータ制御

■「MOS-FET」によるモータ制御回路の考え方

　今回作る「MOS-FET」による「モータ制御シールド」は、モータの回転数制御を行なう回路です。

　Arduinoからのデジタル出力の負荷電流は、最大「40mA」となっており、このままではモータを駆動させることができません。
　マイコンからモータを駆動させるためには、「モータ駆動用の電源」を別途用意し、「ドライブ回路」によってモータに電流を流す必要があります。

＊

　図4-7に「MOS-FET」によるモータ制御シールドの回路図、図4-8に使用するピン配列を示します。
　第2章で作った「テスト・シールド」とは使うピンが異なるため、積み重ねて利用することも可能です。

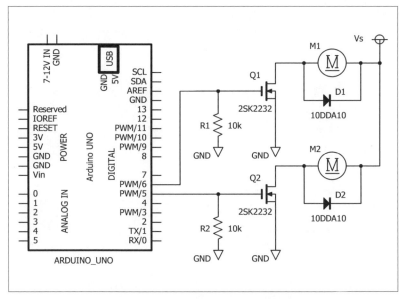

図4-7　「MOS-FET」によるモータ制御回路

デジタル入出力

ピン番号	0	1	2	3	4	5	6	7	8	9	10	11	12	13				
機能	RX	TX		PWM		PWM	PWM			PWM	PWM	PWM			GND	AREF	SDA	SCL
接続先						モータ左	モータ右											

アナログ入力

ピン番号	0	1	2	3	4	5
機能	A0	A1	A2	A3	A4	A5
接続先						

電源ピン

Reserved	IOREF	RESET	3.3V	5V	GND	GND	Vin

図4-8　「MOS-FET」によるモータ制御シールドで利用するピン配列

95

図4-7の回路において、「MOS-FET」のゲートにつながっているArduinoの
デジタル出力ピンは、「HIGH」のとき、ソース・ドレイン間にスイッチ作用が働
き、電流が流れることでモータが駆動します。

「MOS-FET」はドレインからソース側に電流を流すため、モータは一方向
にしか回転しません。
正転、または逆転動作をするためには、**第4-3節**で解説する「モータドライブ
IC」を使うか、「MOS-FETを用いたブリッジ回路」を作る必要があります。
*
デジタル出力ピンに接続されている抵抗回路「R1,R2」は「プルダウン回路」
であり、「FET」のゲート部分に必ず必要です。
「FET」はほとんど電流が流れないため、「プルダウン回路」がないとデジタ
ル出力ピンの電位が浮いた状態になり、動作が不安定になる場合があります。

「プルダウン回路」があるため、デジタル出力がHIGH (5V)のときはゲー
ト端子の電位も「5V」になり、出力がLOW (0V)のときはゲート部分の電位が
「0V」になります。
*
モータに接続されている「ダイオード」は、モータの回転によって生じる「逆
起電力」で「FET」が破損するのを防止します。
*
ゲートへの出力ピンとして使っている「D5,D6」ピンは、アナログ出力
(PWM出力)が可能な端子であるため、これらのピンの出力制御を行なうこと
によって、モータの回転数制御ができます。

■ 使用する部品

「MOS-FET」による「モータ制御シールド」で使う電子部品を**表4-2、図4-9**
に示します。
このシールドには、モータへの出力端子が2つ、モータ駆動用電源端子が1
つ、Arduino用の電源端子が1つあり、これらの端子としてモレックス社の電
線対基板用コネクタを使います。
L字型のオス端子(**5046-02A**)を基板に、電線にコネクタを付けメス端子
(**5051-02**)に接続します。

表4-2　使用する電子部品

部品	型番	本数	参考価格
抵抗	10kΩ	2	105円 (100本入り)
ダイオード	10DDA10	2	31円
MOS-FET	2SK2232	2	100円
トグルスイッチ	2MS1-T1-B1-M1-S-E	1	90円
ナイロンコネクタ2ピン	5046-02A	4	18円

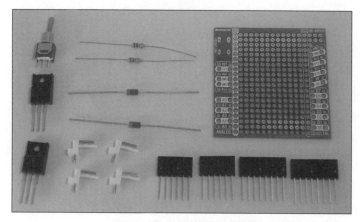

図4-9　使用する電子部品の写真

*

　今回使うダイオード「**10DDA10**」は、整流性をもつ素子で、回路記号と概観図を**図4-10**で示します。

　「ダイオード」はある一定の順方向電圧以上の電圧を印加した場合には大きな電流が流れますが、逆方向に印加した場合はほとんど電流が流れません。

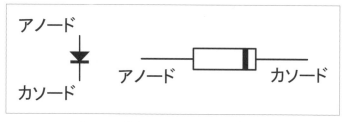

図4-10　「ダイオード」の回路記号と概観図

*
このダイオードの「電流－電圧」特性を**図4-11**に示します。

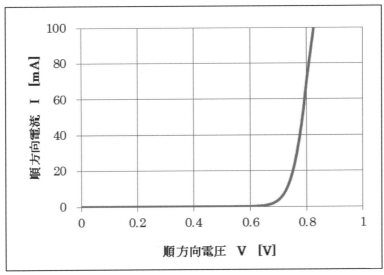

図4-11 ダイオード「10DDA10」の「電流－電圧」特性

「MOS-FET」は、ゲート部分に電圧を印加することでスイッチ作用が働き、ソース・ドレイン間に電流が流れる素子で、回路記号は**図4-12**で示されます。
今回、使った「n型MOS-FET」(**2SK2232**)の「ドレイン・ソース」間の「電流－電圧」特性を、**図4-13**に示します。

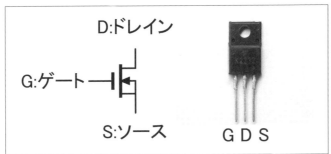

図4-12 「n型MOS-FET」の回路記号と概観図

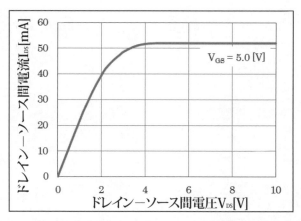

図4-13　MOS-FET「2SK2232」の「ドレイン・ソース」間の「電流－電圧」特性

■ 配線図

　図4-9の部品を使って作る「MOS-FET」による「モータ制御シールド」の配線図を図4-14に、実装写真を図4-15に示します。

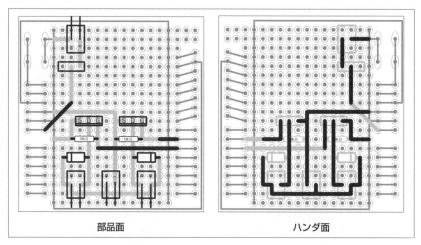

部品面　　　　　　　　　　　　　ハンダ面

図4-14　「MOS-FET」による「モータ制御シールド」の配線図

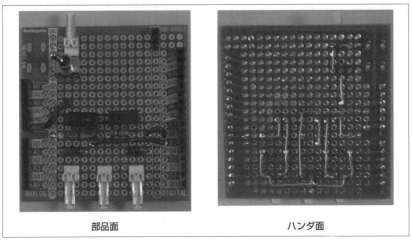

部品面　　　　　　　　ハンダ面

図4-15　「MOS-FET」による「モータ制御シールド」の実装写真

　ハンダ付けするときには、「ダイオード」と「MOS-FET」の向きに注意してください。

　「ダイオード」は、線が入っているほうが「カソード」(陰極)になります(**図4-10**)。

　また、「FET」は、左から「ゲート」「ドレイン」「ソース」の3つの端子があります(**図4-12**)。

＊

　第4-1節で作った土台部分に、「モータ制御シールド」と「Arduinoボード」を取り付けた様子を**図4-16**に示します。

　「モータ駆動用電源」として「単三電池」を2本と、「Arduino駆動用電源」として「9V電池」を1本使っています。

　「MOS-FET」を利用した「モータドライブ回路」では、「モータ駆動用電源」として「単三電池」を3本以上使うと、モータの定格を超えてしまうので、注意してください。

　なお、土台部分とArduinoボードの接続には、「スペーサ」を用いています。

図4-16 足回り部分に「単3電池」「9V電池」「Arduinoボード」「MOS-FET によるモータ制御シールド」を実装したロボットの写真

■ 制御プログラム

●移動方向を制御する

図4-16のロボットが動作したとき、左右のモータの動作に対してどのように動くかを示したのが、図4-17です。

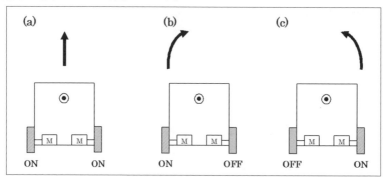

図4-17 「モータの駆動」と「ロボットの移動」に関する模式図

図4-17の(a)→(b)→(c)の順で動くプログラムをリスト4-1に示します。
このプログラムは、デジタル出力を用いて左右モータの「ON/OFF」制御を5秒間隔で、(ON,ON)→(ON,OFF)→(OFF,ON)と変化させます。

【リスト4-1】ロボットが5秒ごとに「前進」「右旋回」「左旋回」の動作を繰り返すプログラム

```
/*
  MOS-FETによるモータ制御シールドの制御プログラム1
*/

int motor_l = 5;
int motor_r = 6;

void setup() {
  pinMode(motor_l, OUTPUT);
  pinMode(motor_r, OUTPUT);
}

void loop() {
  digitalWrite(motor_l, HIGH);
  digitalWrite(motor_r, HIGH);
  delay(5000);
  digitalWrite(motor_l, HIGH);
  digitalWrite(motor_r, LOW);
  delay(5000);
  digitalWrite(motor_l, LOW);
  digitalWrite(motor_r, HIGH);
  delay(5000);
}
```

●速度を制御する

「アナログ(PWM)出力」によって、左右のモータの速度制御ができます。

「直進」および「右旋回」の際に、「デューティ比」の変化を「10:10」「5:10」「2:10」にした場合のプログラムを**リスト4-2、4-3**に示します。

なお、「デューティ比」は、「HIGHの時間:(HIGHの時間＋LOWの時間)」です。

【リスト4-2】ロボットが「前進」動作をアナログ出力(PWM)で繰り返すプログラム

```
/*
  MOS-FETによるモータ制御シールドの制御プログラム2
*/

int motor_l = 5;
int motor_r = 6;
```

```
void setup() {
}

void loop() {
  analogWrite(motor_l, 255);
  analogWrite(motor_r, 255);
  delay(5000);
  analogWrite(motor_l, 0);
  analogWrite(motor_r, 0);
  delay(2000);
  analogWrite(motor_l, 127);
  analogWrite(motor_r, 127);
  delay(5000);
  analogWrite(motor_l, 0);
  analogWrite(motor_r, 0);
  delay(2000);
  analogWrite(motor_l, 51);
  analogWrite(motor_r, 51);
  delay(5000);
  analogWrite(motor_l, 0);
  analogWrite(motor_r, 0);
  delay(2000);
}
```

【リスト4-3】ロボットが「右旋回」動作をアナログ出力(PWM)で繰り返すプログラム

```
/*
  MOS-FETによるモータ制御シールドの制御プログラム3
*/

int motor_l = 5;
int motor_r = 6;

void setup() {
}

void loop() {
  analogWrite(motor_l, 255);
  analogWrite(motor_r, 0);
  delay(5000);
  analogWrite(motor_l, 127);
  analogWrite(motor_r, 0);
  delay(5000);
  analogWrite(motor_l, 51);
  analogWrite(motor_r, 0);
  delay(5000);
  analogWrite(motor_l, 0);
```

```
        analogWrite(motor_r, 0);
        delay(2000);
}
```

4-3　「モータドライブIC」によるモータ制御①

■「モータドライブIC」(TA7267BP)によるモータ制御回路の考え方

第4-2節の「モータ制御回路」では、モータの「回転方向」を制御することができません。

そこで、ここでは「モータドライブIC」(TA7267BP)を用いて、モータの「回転方向」と「回転数」の制御ができる回路を作ってみます。

使うピン配列を図4-18、「モータドライブIC」(TA7267BP)による「モータ制御シールド」の回路図を図4-19に示します。

デジタル入出力

ピン番号	0	1	2	3	4	5	6	7	8	9	10	11	12	13					
機能	RX	TX		PWM		PWM	PWM			PWM	PWM	PWM				GND	AREF	SDA	SCL
接続先				モータ左IN2						モータ左IN1	モータ右IN1	モータ右IN2							

アナログ入力

ピン番号	0	1	2	3	4	5
機能	A0	A1	A2	A3	A4	A5
接続先						

電源ピン

Reserved	IOREF	RESET	3.3V	5V	GND	GND	Vin

図4-18　「モータドライブIC」(TA7291BP)による「モータ制御シールド」で使うピン配列

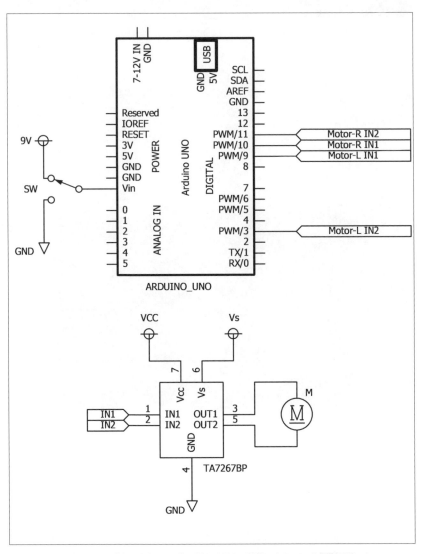

図4-19 「モータドライブIC」(TA7267BP)によるモータ制御回路

■ 使用する部品

「モータドライブIC」(**TA7267BP**)によるモータ制御回路で使う電子部品を、**表4-3**、**図4-20**に示します。

表4-3 使用する電子部品

部品	型番	個数	参考価格
モータドライブIC	TA7267BP	2	300円(2個入り)
トグルスイッチ	2MS1-T1-B1-M1-S-E	1	90円
ナイロンコネクタ2ピン	5046-02A	4	18円

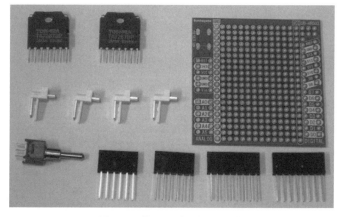

図4-20 使用する電子部品の写真

ここで使う「モータドライブIC」(**TA7267BP**)は、モータの「正転・逆転」切り替え用の「Hブリッジドライバ」で、「正転」「逆転」「ストップ」「ブレーキ」の4つのモードがコントロールでき、**表4-4**のようなピン配置になっています。

平均出力電流の定格が「1.0A」で、小型のモータなどの制御に使えます。
Arduinoからの「PWM入力」によって、モータの回転制御ができます。

表4-4 「TA7267BP」のピン配置と写真

端子記号	端子番号	端子説明	写真
1	IN1	入力端子	
2	IN2	入力端子	
3	OUT1	出力端子	
4	GND	GND	
5	OUT2	出力端子	
6	V_S	モータ用電源端子 （0～18V）	
7	V_{CC}	ロジック用電源端子 （6～18V）	

●Hブリッジ回路

　「Hブリッジ回路」とは、図4-21 (左上)に示すように4つのスイッチをH型に配置した回路です。

　4つのスイッチの「ON/OFF」を切り替えることによって、モータに流れる電流方向が変化し、モータの回転が切り替わえる原理になっています。

　図4-21 (右上)のようにスイッチを閉じると「正転」、図4-21 (下)のようにスイッチを閉じると「反転」します。

　実際の「モータドライブIC」の内部には、この「Hブリッジ回路」に加えて、保護回路などが組み込まれており、表4-5に示す動作モードで、モータの制御ができます。

　MOS-FETを用いた場合とは異なり、「モータドライブIC」は内部で電圧降下が生じるため、「モータ用電源VS端子」は、4～6V程度ないとモータが回転できない場合があるので、「単三電池」を3本または4本使います。

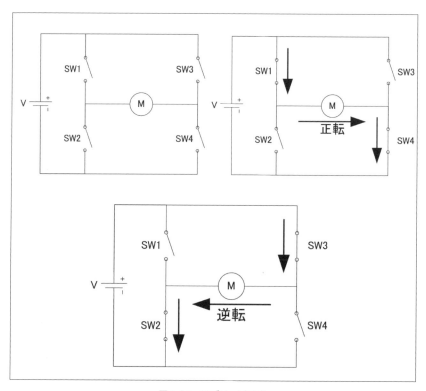

図4-21 Hブリッジ回路

表4-5 「TA7267BP」の動作モード

入力		出力		モード
IN1	IN2	OUT1	OUT2	
0	0	∞	∞	ストップ
1	0	H	L	CW/CCW
0	1	L	H	CCW/CW
1	1	L	L	ブレーキ

■ 配線図

図4-18の「モータドライブIC」(TA7267BP)による「モータ制御シールド」の配線図を図4-22に、実装写真を図4-23に示します。

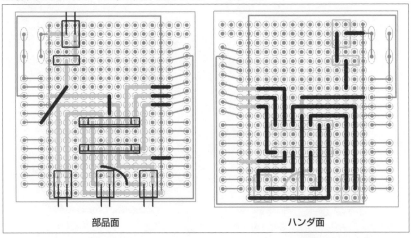

部品面　　　　　　　　　　　　　　　ハンダ面

図4-22　「モータドライブIC」(TA7267BP)による「モータ制御回路」の配線図

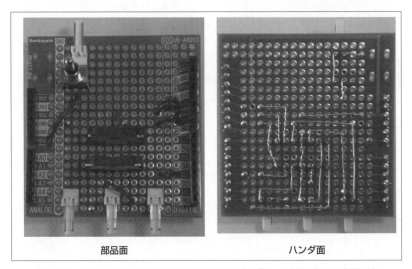

部品面　　　　　　　　　　　　　　　ハンダ面

図4-23　「モータドライブIC」(TA7267BP)による「モータ制御回路」の実装写真

また、土台部分に「単3電池」「9V電池」「Arduinoボード」「モータドライブIC (TA7267BP)によるモータ制御シールド」を実装したロボットの写真を図4-24に示します。

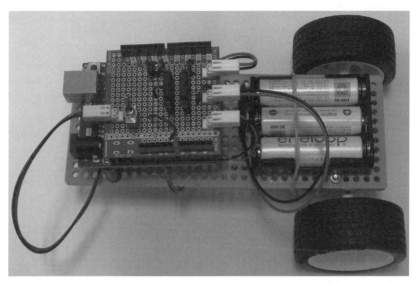

図4-24 「単3電池」「9V電池」「Arduinoボード」「モータ制御シールド」を実装したロボット

■ 制御プログラム

図4-24のロボットは、**第4-2節**のロボットとは異なり、「モータの逆転」が可能になっています。

そのため、**図4-17**の「前進」「右旋回」「左旋回」の動作に加えて、「後進」「その場での転回」「後方への旋回」の動作なども可能になっています（**図4-25**）。

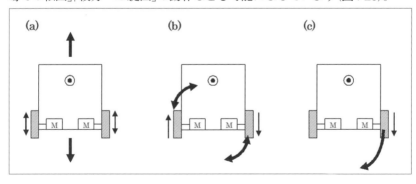

図4-25 「モータドライブIC」による「モータの駆動」と「ロボットの移動」に関する模式図

●「前進」「右旋回」「左旋回」の動作

すぐに図4-25のような動作を実装したいところですが、まず最初は図4-17の(a)→(b)→(c)と同じように動く（リスト4-1と同じ動作をする）プログラムをリスト4-4に示します。

このプログラムは、アナログ出力(PWM)を用いて左右モータの「ON/OFF」制御を、5秒間隔で(ON,ON)→(ON,OFF)→(OFF,ON)と変化しています。

【リスト4-4】リスト4-1と同じ動作を、「モータドライブIC」によるモータ制御で実現

```
/*
  モータドライブIC(TA7267BP)によるモータ制御シールドのプログラム1
*/

int motor_r_in1 = 9;
int motor_r_in2 = 3;
int motor_l_in1 = 10;
int motor_l_in2 = 11;

void setup() {}

void loop() {
  // 前進
  analogWrite(motor_l_in1, 255);
  analogWrite(motor_l_in2, 0);
  analogWrite(motor_r_in1, 255);
  analogWrite(motor_r_in2, 0);
  delay(5000);
  // 右旋回
  analogWrite(motor_l_in1, 255);
  analogWrite(motor_l_in2, 0);
  analogWrite(motor_r_in1, 0);
  analogWrite(motor_r_in2, 0);
  delay(5000);
  // 左旋回
  analogWrite(motor_l_in1, 0);
  analogWrite(motor_l_in2, 0);
  analogWrite(motor_r_in1, 255);
  analogWrite(motor_r_in2, 0);
  delay(5000);
}
```

＊

リスト4-5、4-6は、前進時および右旋回時に、「デューティ比」の変化を

「10:10」「7:10」「5:10」にした場合のプログラムです。

「アナログ(PWM)出力」を行なうことで、左右のモータの速度制御ができます。

【リスト4-5】ロボットが「前進動作」をアナログ出力で繰り返すプログラム

```
/*
  モータドライブIC(TA7267BP)によるモータ制御シールドのプログラム2
*/

int motor_r_in1 = 9;        // 右モータ用ICのIN1への入力ピン
int motor_r_in2 = 3;        // 右モータ用ICのIN2への入力ピン
int motor_l_in1 = 10;       // 左モータ用ICのIN1への入力ピン
int motor_l_in2 = 11;       // 左モータ用ICのIN1への入力ピン
int SPD_HIGH    = 255;      // 高速
int SPD_MID     = 179;      //
int SPD_LOW     = 127;      //

void setup() {}

void loop() {
  // 高速での前進
  analogWrite(motor_l_in1, SPD_HIGH);
  analogWrite(motor_l_in2, 0);
  analogWrite(motor_r_in1, SPD_HIGH);
  analogWrite(motor_r_in2, 0);
  delay(5000);
  // 停止 (Vref=0)
  analogWrite(motor_l_in1, 0);
  analogWrite(motor_r_in1, 0);
  delay(2000);
  // 中速での前進
  analogWrite(motor_l_in1, SPD_MID);
  analogWrite(motor_r_in1, SPD_MID);
  delay(5000);
  // 停止 (Vref=0)
  analogWrite(motor_l_in1, 0);
  analogWrite(motor_r_in1, 0);
  delay(2000);
  // 低速での前進
  analogWrite(motor_l_in1, SPD_LOW);
  analogWrite(motor_r_in1, SPD_LOW);
  delay(5000);
  // 停止 (Vref=0)
  analogWrite(motor_l_in1, 0);
  analogWrite(motor_r_in1, 0);
  delay(2000);
}
```

【リスト4-6】ロボットが「右旋回動作」をアナログ（PWM）出力で繰り返すプログラム

```
/*
  モータドライブIC(TA7267BP)によるモータ制御シールドのプログラム3
*/

int motor_r_in1 = 9;
int motor_r_in2 = 3;
int motor_l_in1 = 10;
int motor_l_in2 = 11;
int SPD_HIGH    = 255;
int SPD_MID     = 179;
int SPD_LOW     = 127;

void setup() {}

void loop() {
  // 高速での右旋回動作
  analogWrite(motor_l_in1, SPD_HIGH);
  analogWrite(motor_l_in2, 0);
  analogWrite(motor_r_in1, 0);
  analogWrite(motor_r_in2, 0);
  delay(5000);
  // 停止(Vref=0)
  analogWrite(motor_l_in1, 0);
  delay(2000);
  // 中速での右旋回動作
  analogWrite(motor_l_in1, SPD_MID);
  delay(5000);
  // 停止(Vref=0)
  analogWrite(motor_l_in1, 0);
  delay(2000);
  // 低速での右旋回動作
  analogWrite(motor_l_in1, SPD_LOW);
  delay(5000);
  // 停止(Vref=0)
  analogWrite(motor_l_in1, 0);
  delay(2000);
}
```

●「後進」「旋回」の動作

「前進」「後進」と、「その場での転回」「後方への旋回」の動作を連続して行なうプログラムを**リスト4-7**に示します。

「モータドライブIC」の「IN1」に「LOW」を、「IN2」に「HIGH」を入力することで、モータが逆回転します。

【リスト4-7】ロボットが「前進」「後進」「その場での転回」「後方への旋回」の動作を連続して行なうプログラム

```
/*
  モータドライブIC(TA7267BP)によるモータ制御シールドのプログラム4
 */

int motor_r_in1 = 9;
int motor_r_in2 = 3;
int motor_l_in1 = 10;
int motor_l_in2 = 11;
int SPD_HIGH    = 255;

void setup() {}

void loop() {
  //前進・後進
  analogWrite(motor_l_in1, SPD_HIGH);
  analogWrite(motor_l_in2, 0);
  analogWrite(motor_r_in1, SPD_HIGH);
  analogWrite(motor_r_in2, 0);
  delay(5000);
  analogWrite(motor_l_in1, 0);
  analogWrite(motor_l_in2, 0);
  analogWrite(motor_r_in1, 0);
  analogWrite(motor_r_in2, 0);
  delay(1000);
  analogWrite(motor_l_in1, 0);
  analogWrite(motor_l_in2, SPD_HIGH);
  analogWrite(motor_r_in1, 0);
  analogWrite(motor_r_in2, SPD_HIGH);
  delay(5000);
  analogWrite(motor_l_in1, 0);
  analogWrite(motor_l_in2, 0);
  analogWrite(motor_r_in1, 0);
  analogWrite(motor_r_in2, 0);
  delay(1000);

  //その場での右転回・左転回動作
  analogWrite(motor_l_in1, SPD_HIGH);
  analogWrite(motor_l_in2, 0);
  analogWrite(motor_r_in1, 0);
  analogWrite(motor_r_in2, SPD_HIGH);
  delay(5000);
  analogWrite(motor_l_in1, 0);
  analogWrite(motor_l_in2, 0);
  analogWrite(motor_r_in1, 0);
  analogWrite(motor_r_in2, 0);
```

```
delay(1000);
analogWrite(motor_l_in1, 0);
analogWrite(motor_l_in2, SPD_HIGH);
analogWrite(motor_r_in1, SPD_HIGH);
analogWrite(motor_r_in2, 0);
delay(5000);
analogWrite(motor_l_in1, 0);
analogWrite(motor_l_in2, 0);
analogWrite(motor_r_in1, 0);
analogWrite(motor_r_in2, 0);
delay(1000);

//後方への左旋回・右旋回動作
analogWrite(motor_l_in1, 0);
analogWrite(motor_l_in2, 0);
analogWrite(motor_r_in1, 0);
analogWrite(motor_r_in2, SPD_HIGH);
delay(5000);
analogWrite(motor_l_in1, 0);
analogWrite(motor_l_in2, 0);
analogWrite(motor_r_in1, 0);
analogWrite(motor_r_in2, 0);
delay(1000);
analogWrite(motor_l_in1, 0);
analogWrite(motor_l_in2, SPD_HIGH);
analogWrite(motor_r_in1, 0);
analogWrite(motor_r_in2, 0);
delay(5000);
analogWrite(motor_l_in1, 0);
analogWrite(motor_l_in2, 0);
analogWrite(motor_r_in1, 0);
analogWrite(motor_r_in2, 0);
delay(1000);
}
```

4-4 「モータドライブIC」によるモータ制御②

■「モータドライブIC」(TA7291P)によるモータ制御回路の考え方

ここで作る「モータドライブIC」(TA7291P)による「モータ制御シールド」は、第4-3節と同様に、「モータの回転方向」と「回転数」の制御ができる回路です。

第4-3節の「モータ制御シールド」では、4つのアナログ出力(PWM出力)ピンを使っていました。

この代わりに「ロジックIC」を利用することで、「デジタル2ピン」と「アナログ2ピン」で制御することが可能になり、第2章で作った「テスト・シールド」と、重ねて使うことができます。

*

使用するピン配列を図4-26に、「モータドライブIC」(TA7291P)による「モータ制御シールド」の回路図を図4-27に示します。

デジタル入出力

ピン番号	0	1	2	3	4	5	6	7	8	9	10	11	12	13				
機能	RX	TX	PWM		PWM	PWM	PWM			PWM	PWM	PWM			GND	AREF	SDA	SCL
接続先			モータ左F/R	モータ右F/R	モータ左PWM	モータ右PWM												

アナログ入力

ピン番号	0	1	2	3	4	5
機能	A0	A1	A2	A3	A4	A5
接続先						

電源ピン

Reserved	IOREF	RESET	3.3V	5V	GND	GND	Vin

図4-26 「モータドライブIC」(TA7291P)による「モータ制御シールド」で使うピン配列

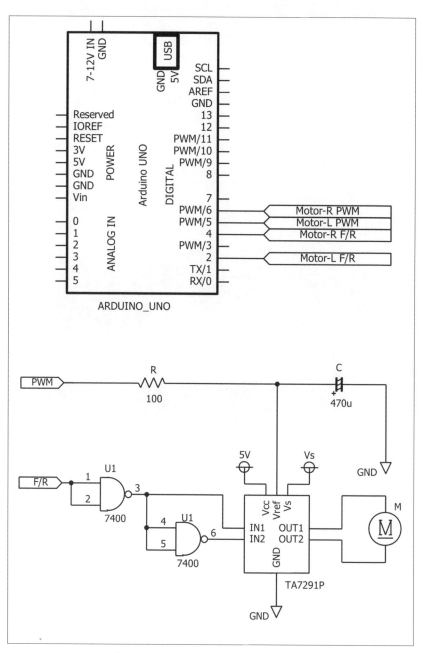

図4-27 「モータドライブIC」(TA7291P)によるモータ制御回路

■ 使用する部品

今回の「モータドライブIC」(**TA7291P**)による「モータ制御回路」で使う電子部品を**表4-6**、**図4-28**に示します。

表4-6 使用する電子部品

部品	型番	個数	参考価格
モータドライブIC	TA7291	2	300円(2個入り)
ロジックIC	SN74HC00AN	1	63円
電解コンデンサ	470μF	2	52円
抵抗	100	2	105円(1袋)

図4-28 使用する電子部品の写真

ここで使った「**TA7291P**」は、「**TA7267BP**」と同様にモータの「正転・逆転」切り替え用の「Hブリッジドライバ」で、「正転」「逆転」「ストップ」「ブレーキ」の4モードがコントロールできます。

表4-7にピン配置を示します。

平均出力電流の定格が「1.0A」で、小型のモータなどの制御に使えます。

電源端子は、出力側と制御側の二系統が別になっています。

また、出力側にはモータ電圧を制御できる「V_{ref}」端子をもっており、モータへの印加電圧調整ができます。

この「V_{ref}」を使うと、モータの回転数制御が可能になります。

表4-7　「TA7291P」のピン配置と写真

端子記号	端子番号	端子説明	写真
V_{CC}	7	ロジック用電源端子 (4.5~20V)	
V_S	8	モータ用電源端子 (0~20V)	
V_{ref}	4	制御電源端子 ($V_{ref} \leqq V_S$)	
GND	1	GND	
IN1	5	入力端子	
IN2	6	入力端子	
OUT1	2	出力端子	
OUT2	10	出力端子	
NC	3	接続しない端子	
NC	9	接続しない端子	

●RC積分回路

　一方、今回の回路における「V_{ref}端子」への入力は、Arduinoからの「PWM信号」をそのまま入力するのではなく、**図4-29**に示すように、抵抗と電解コンデンサから構成される「RC積分回路」を通して入力しています。

　この結果、「パルス波形」が平滑化されて「V_{ref}」端子に入力されます。

　この回路を使わずに、そのまま「PWM」信号を「V_{ref}」端子に入力しても、モータ制御は可能です。

　しかし、モータへの出力が途切れたときに、その余剰電圧ぶんが「熱」として放出されます。

　あまりたくさんの発熱が生じるのも好ましくないため、「RC積分回路」を組み込んでいます。

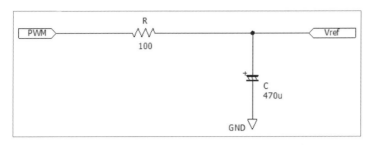

図4-29　制御電源端子「V_ref」への入力回路（RC積分回路）

*

図4-29の回路における、Arduinoからの出力と、「V_ref」端子への入力信号の結果を図4-30に示します。

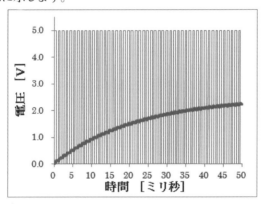

図4-30　PWM出力信号と電源制御端子への入力信号

パルスの変化を平滑化して、約「2.5V」で出力されています。

パルス入力してから約「50ミリ秒」で飽和していますが、この程度の時間の遅れであれば、タイヤの回転にはほとんど影響がありません。

●NAND回路

「TA7291P」におけるモータの回転方向の制御には、「IN1」と「IN2」の2つの入力が必要です。

しかし、「NAND回路」の入った「ロジックIC」である「**SN74HC00**」を使えば、1つの入力で「正転」と「反転」を制御することができます。

*

「NAND回路」とは、図4-31に示すような入力が2つあるロジック回路のう

ち、2つともHIGH (5V)が入力された場合に限ってLOW (0V)を出力し、それ以外の入力の組み合わせの場合はHIGHを出力する論理回路のことです。

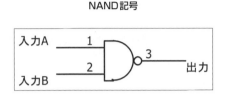

NAND記号

入力A	入力B	出力
L	L	H
L	H	H
H	L	H
H	H	L

図4-31　「NAND回路」の記号と真理値表

*

この「NAND回路」を2つ使い、「IN1」と「IN2」への入力を生成するための回路が**図4-32**です。

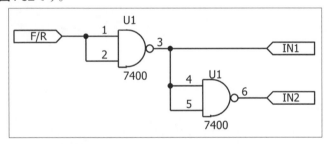

図4-32　入力端子「IN1」と「IN2」への入力回路

この回路に「F/Rピン」からHIGHが入力された場合は1つ目の「NAND回路」でLOWが出力されて、そのまま「IN1」に入力されます。

一方、1つ目の出力であるLOWは、2つ目の「NAND回路」でHIGHが出力されて、「IN2」に入力されます。

つまり、「F/R」からHIGHが出力された場合は、「IN1」と「IN2」にそれぞれLOWとHIGHが入力されます。

そして、LOWが出力された場合は、「IN1」と「IN2」にそれぞれHIGHとLOWが入力されます。

このため、「F/R」ピンの出力がHIGHのときに「後退」、LOWのときに「前進」となるので注意が必要です。

この場合、必ずどちらかのモータが回転しており、停止状態が発生しません。

そのため、停止したい場合は、「V$_{ref}$」への供給電圧を「0」にする必要があります。つまり回転方向の制御は「F/R」ピン、回転数の制御は「PWM」ピンで行ないます。

＊

さまざまな電子回路で用いられることの多い汎用ロジックICの「SN74HC00」は、4回路2入力のNANDゲートです。

図4-33に「SN74HC00」のピン配置を示します。

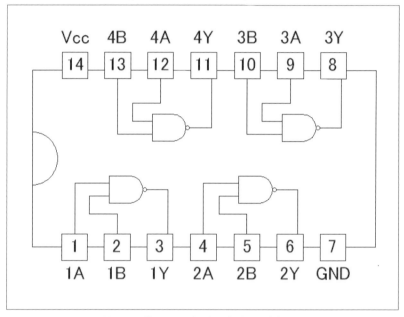

図4-33　「SN74HC00」のピン配置と内部回路

■ 配線図

図4-24で示した「モータドライブIC」(TA7291P)による「モータ制御シールド」の配線図を図4-34に、実装写真を図4-35に示します。

また、土台部分に、「単3電池」「9V電池」「Arduinoボード」「モータドライブIC (TA7291)によるモータ制御シールド」を実装したロボットの写真を図4-36に示します。

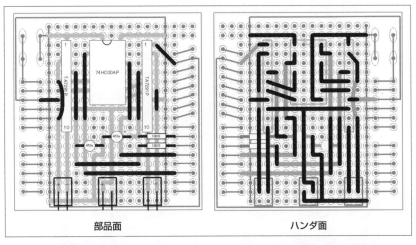

図4-34 「モータドライブIC」(TA7291)による「モータ制御回路」の配線図

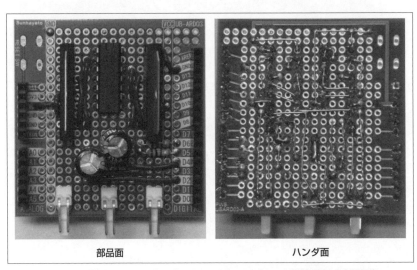

図4-35 「モータドライブIC」(TA7291P)による「モータ制御回路」の実装写真

図4-36　「電源用電池」「Arduinoボード」「モータ制御シールド」を実装したロボット

■ 制御プログラム

リスト4-4〜4-7と同様の動作をするプログラムを、リスト4-8〜4-11に示します。

ロボットは、**第4-2節**で示した**図4-17**と同じように動作させることができます。

しかし、モータの「逆転」ができるため、「後進」「その場での転回」「後方への旋回」動作なども可能です。

【リスト4-8】ロボットが5秒ごとに「前進」「右転回」「左転回」の動作を繰り返すプログラム

```
/*
    モータドライブIC(TA7291P)によるモータ制御シールドのプログラム1
*/

int motor_l_fr  = 2;
int motor_r_fr  = 4;
int motor_l_spd = 5;
int motor_r_spd = 6;

void setup() {
  pinMode(motor_l_fr, OUTPUT);
  pinMode(motor_r_fr, OUTPUT);
  digitalWrite(motor_l_fr, LOW);
  digitalWrite(motor_r_fr, LOW);
}
```

↴

```
void loop() {
  analogWrite(motor_l_spd, 255);
  analogWrite(motor_r_spd, 256);
  delay(5000);
  analogWrite(motor_l_spd, 255);
  analogWrite(motor_r_spd, 0);
  delay(5000);
  analogWrite(motor_l_spd, 0);
  analogWrite(motor_r_spd, 255);
  delay(5000);
}
```

【リスト4-9】ロボットが「前進動作」をアナログ(PWM)出力で繰り返すプログラム

```
/*
  モータドライブIC(TA7291P)によるモータ制御シールドのプログラム2
*/

int motor_l_fr  = 2;
int motor_r_fr  = 4;
int motor_l_spd = 5;
int motor_r_spd = 6;
int SPD_HIGH    = 255;
int SPD_MID     = 179;
int SPD_LOW     = 127;

void setup() {
  pinMode(motor_l_fr, OUTPUT);
  pinMode(motor_r_fr, OUTPUT);
  digitalWrite(motor_l_fr, LOW);

  digitalWrite(motor_r_fr, LOW);
}

void loop() {
  analogWrite(motor_l_spd, SPD_HIGH);
  analogWrite(motor_r_spd, SPD_HIGH);
  delay(5000);
  analogWrite(motor_l_spd, 0);
  analogWrite(motor_r_spd, 0);
  delay(2000);
  analogWrite(motor_l_spd, SPD_MID);
  analogWrite(motor_r_spd, SPD_MID);
  delay(5000);
  analogWrite(motor_l_spd, 0);
  analogWrite(motor_r_spd, 0);
  delay(2000);
  analogWrite(motor_l_spd, SPD_HIGH);
```

```
    analogWrite(motor_r_spd, SPD_HIGH);
    delay(5000);
    analogWrite(motor_l_spd, 0);
    analogWrite(motor_r_spd, 0);
    delay(2000);
}
```

【リスト4-10】ロボットが「右旋回動作」をアナログ(PWM)で繰り返すプログラム

```
/*
  モータドライブIC(TA7291P)によるモータ制御シールドのプログラム3
*/

int motor_l_fr  = 2;
int motor_r_fr  = 4;
int motor_l_spd = 5;
int motor_r_spd = 6;
int SPD_HIGH    = 255;
int SPD_MID     = 179;
int SPD_LOW     = 127;

void setup() {
  pinMode(motor_l_fr, OUTPUT);
  pinMode(motor_r_fr, OUTPUT);
  digitalWrite(motor_l_fr, LOW);
  digitalWrite(motor_r_fr, LOW);
  analogWrite(motor_r_spd, 0);
}

void loop() {
  analogWrite(motor_l_spd, SPD_HIGH);

  delay(5000);
  analogWrite(motor_l_spd, 0);
  delay(2000);
  analogWrite(motor_l_spd, SPD_MID);
  delay(5000);
  analogWrite(motor_l_spd, 0);
  delay(2000);
  analogWrite(motor_l_spd, SPD_HIGH);
  delay(5000);
  analogWrite(motor_l_spd, 0);
  delay(2000);
}
```

**【リスト4-11】ロボットが「前進」「後進」「その場での転回」「後方への旋回」の
動作を連続して行なうプログラム**

```
/*
  モータドライブIC(TA7291P)によるモータ制御シールドのプログラム4
*/

int motor_l_fr  = 2;
int motor_r_fr  = 4;
int motor_l_spd = 5;
int motor_r_spd = 6;

void setup() {
  pinMode(motor_l_fr, OUTPUT);
  pinMode(motor_r_fr, OUTPUT);
  analogWrite(motor_r_spd, 0);
  analogWrite(motor_l_spd, 0);
}

void loop() {
  // 前進・後退
  digitalWrite(motor_l_fr, LOW);
  digitalWrite(motor_r_fr, LOW);
  analogWrite(motor_r_spd, 255);
  analogWrite(motor_l_spd, 255);
  delay(5000);
  analogWrite(motor_r_spd, 0);
  analogWrite(motor_l_spd, 0);
  delay(1000);
  digitalWrite(motor_l_fr, HIGH);
  digitalWrite(motor_r_fr, HIGH);
  analogWrite(motor_r_spd, 255);
  analogWrite(motor_l_spd, 255);
  delay(5000);

  analogWrite(motor_r_spd, 0);
  analogWrite(motor_l_spd, 0);
  delay(1000);

  // その場での右転回・左転回
  digitalWrite(motor_r_fr, LOW);
  digitalWrite(motor_l_fr, HIGH);
  analogWrite(motor_r_spd, 255);
  analogWrite(motor_l_spd, 255);
  delay(5000);
  analogWrite(motor_r_spd, 0);
  analogWrite(motor_l_spd, 0);
  delay(1000);
  digitalWrite(motor_r_fr, HIGH);
```

```
    digitalWrite(motor_l_fr, LOW);
    analogWrite(motor_r_spd, 255);
    analogWrite(motor_l_spd, 255);
    delay(5000);
    analogWrite(motor_r_spd, 0);
    analogWrite(motor_l_spd, 0);
    delay(1000);

    // 後方への左旋回・右旋回動作
    digitalWrite(motor_r_fr, HIGH);
    analogWrite(motor_r_spd, 255);
    delay(5000);
    analogWrite(motor_r_spd, 0);
    delay(1000);
    digitalWrite(motor_l_fr, HIGH);
    analogWrite(motor_l_spd, 255);
    delay(5000);
    analogWrite(motor_l_spd, 0);
    delay(1000);
}
```

Memo

第5章

Bluetoothによるリモコン
操作ロボット

この章では、まず「Bluetooth」で通信ができるシールドを作り、前章の「モータ制御シールド」と組み合わせた「リモコン操作ロボット」を動かしてみます。
具体的には、「Bluetoothモジュール」を用いることで、「シリアル通信」を無線化します。
これによって、スマートフォンの「Bluetoothアプリ」を用いて、ロボットのリモコン操作ができます。

5-1　　Bluetooth通信シールド

■「Bluetooth」とは

「Bluetooth」(ブルートゥース)は、デジタル機器用の「近距離無線通信規格」のひとつで、「パソコン」や「携帯電話」「周辺機器」などを、ケーブルを使わずに「ワイヤレス」で接続するものです。

現在では、「Android」「iPhone」などの「スマートフォン」や、「ノートPC」にはほとんどと言っていいほど「Bluetooth」が搭載されています。

また、「Wii」や「PS3」などのゲーム機のコントローラにも使われています。

「Bluetooth」は、「2.4GHz帯」を利用する周波数をランダムに変える「周波数ホッピング」を行ないながら、10～100m程度のBluetooth搭載機器と、最大「24Mbps」で無線通信ができます。

なお、日本国内で「Bluetooth」を利用するには、その機器が電波法に基づいた「技術基準適合証明」を受けたものでなければなりません。

日本のメーカーが販売している「Bluetoothモジュール」はほぼ大丈夫ですが、海外メーカーのものなどには日本の認証を受けていないものがあるので、注意が必要です。

■ Bluetoothモジュール

Arduinoボードなどで利用できる「Bluetoothモジュール」には、さまざまなものが販売されています。

代表的なものとしては、「**ZEAL-C02**」(エイディーシーテクノロジー社)や「**RBT-001**」(Robotech srl社)があります。

これらのモジュールは、日本国内の「技術基準適合証明」を受けているものなので、そのまま使うことができます。

一方、**図5-2**に示すモジュールは、「技術基準適合証明」を受けていない、開発者や無線技術者向けの「エンジニアリング・サンプル製品」です。

このようなものを使う場合は、電波暗室や、電波障害を起こさない充分に広い敷地や建屋内で実験する、などの注意が必要です。

図5-1 日本国内の「技術基準適合証明」を受けているBluetooth通信モジュール RBT-001 (Robotech srl社)

図5-2 「技術基準適合証明」を受けていないBluetooth通信モジュール

*

本書では、ランニングエレクトロニクス社の「Bluetoothモジュール変換基板」である「PIC24FJ64GB004小型マイコン基板」の「SBDBT5V」と、PLANEX社のUSBタイプBluetoothアダプタの「BTMicroEDR1XZ」を使います(図5-3)。

*

「SBDBT5V」には、「Bluetooth SPPプロファイル」のファームウェアがインストールされているPICマイコンが使われており、「SBDBT」のUSBコネクタにBluetoothアダプタを挿すだけで、「Bluetooth SPPモジュール」になります。

また、PLANEX社のBluetoothアダプタは、Bluetooth機能を搭載していないPCで使うためのアダプタです。

図5-3 「SBDBT5V」(左)と「BTMicroEDR1XZ」(右)の外観写真

■「Bluetooth通信回路」の考え方

本書で作る「Bluetooth通信回路」は、単純に「Bluetoothアダプタ」を接続することで、Arduinoに用意されている「シリアル通信」を無線化するためのものです。

「Bluetooth通信シールド」の回路図を図5-4に、使うピン配列を図5-5に示します。

第2章で作った「テスト・シールド」や、第4章で作った「モータドライブ・シールド」とは使うピンが異なるため、積み重ねて使うことも可能です。

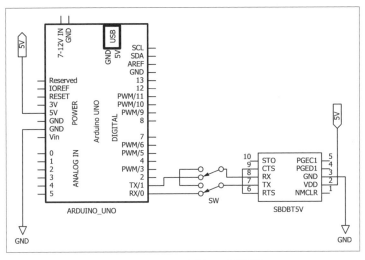

図5-4　Bluetooth通信シールド回路

デジタル入出力

ピン番号	0	1	2	3	4	5	6	7	8	9	10	11	12	13				
機能	RX	TX		PWM		PWM	PWM			PWM	PWM	PWM			GND	AREF	SDA	SCL
接続先	BTTX	BTRX																

アナログ入力

ピン番号	0	1	2	3	4	5
機能	A0	A1	A2	A3	A4	A5
接続先						

電源ピン

Reserved	IOREF	RESET	3.3V	5V	GND	GND	V_{in}

図5-5　「Bluetooth通信シールド」で使うピン配列

　「RX/TX」ピンはArduinoへの書き込み時に使っているため、「Bluetooth モジュール」と接続したままでは、うまくプログラムの書き込みができません。

　そのため、**図5-4**に示す回路の通り、「トグルスイッチ」を用いて、「Bluetooth モ

ジュール」のArduinoへの接続を切り替えることができるようになっています。

書き込みを行なう場合は、「Bluetoothモジュール」の「RX/TX」ピンをショートさせ、Arduinoの「RX」ピンと「TX」ピンが「Bluetoothモジュール」と接続されていない状態で行ないます。

■「Bluetooth」シールドの配線図

図5-4で示した「Bluetooth通信シールド」の配線図を図5-6に、実装写真を図5-7に示します。

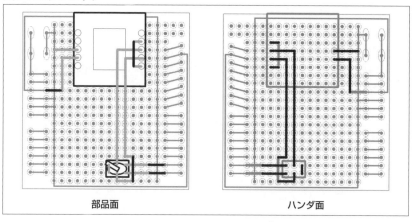

部品面　　　　　　　　　　ハンダ面

図5-6　「Bluetooth通信シールド」の配線図

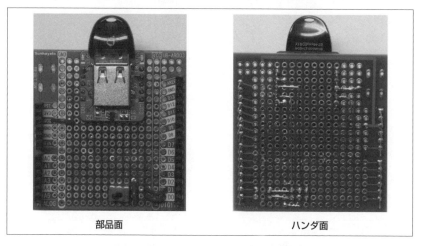

部品面　　　　　　　　　　ハンダ面

図5-7　「Bluetooth通信シールド」の実装写真

5-2　「Bluetooth通信シールド」の動作確認

■「Bluetooth」による通信プログラム

　「Bluetooth通信シールド」の動作確認を行なうためには、ArduinoとPCが、「Bluetooth通信」をできるようになっていなければなりません。

　そのため、あらかじめArduino側の「Bluetoothアダプタ」と、PC側のBluetoothデバイスが無線接続された（ペアリングされた）状態になっている必要があります。

＊

　まず準備として、「Bluetooth通信シールド」をArduinoに装着した状態で「PCと接続」または「9V電源を印加」すると、マイコン基板「SBDBT5V」の「赤色」と「橙色」のLEDが一瞬点灯します。

　この後、正常に動作すれば、「橙色」のLEDのみが点灯している状態になります。

> ※本書では、あらかじめBluetoothデバイスが搭載されているPCを使用しています。

　ここでは、Windows標準のBluetoothの設定機能を使ったペアリングの設定について説明しますが、利用するPCやBluetoothによって、多少操作が異なります。

---

[1]システムトレイから「Bluetoothアイコン」を右クリックすると、**図5-8**（左）に示すメニューが表示されます。

　ここで「Bluetoothデバイスの表示(D)」を選択すると、**図5-8**（右）の「Bluetoothとその他のデバイス」設定画面ダイアログが表示されます。

図5-8　「Bluetoothとその他のデバイス」設定画面の起動手順

[2]**図5-9**に示す「Bluetoothとその他のデバイス」設定画面で「Bluetoothまたはその他のデバイスを追加する」をクリックします。

　「デバイスを追加する」ダイアログに「SBDBT- xxxxxxxxxxxx」と接続可能なBluetoothデバイスが表示されますので、「SBDBT-xxxxxxxxxxxx」をクリックします(**図5-9**)。

図5-9　「Bluetoothデバイス」の選択画面

[3]画面に出てくる手順に従って進めていくと、設定が終了し、「Bluetooth設定ウインドウ」に「SBDBT- xxxxxxxxxxxx」が表示されます(**図5-10**)。

> ※「ペアリングコード」の入力を求められる場合がありますが、その際は「0000」を入力して「次へ」をクリックしてください。

図5-10　「Bluetoothデバイス」の選択画面

[4] Bluetoothデバイスとの接続が完了すると、**図5-11**に示すArduino IDEの
COMポートの選択メニューに新しいポートが表示されます。
　2つのポートの一つがArduinoとのBluetooth経由のシリアル通信に使用
可能です。

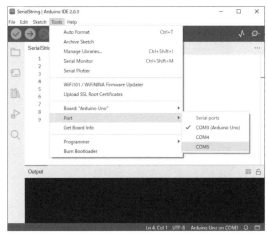

図5-11　シリアルポートの確認と選択

●動作確認
　「Bluetooth通信シールド」の動作確認には、**第3章のリスト3-9、3-10、3-12**を
使います。

[1] まず、「Bluetooth通信シールド」のトグルスイッチをOFFにして、**リスト
3-9**の「コンパイル」と「書き込み」を行ないます。

[2] 次に「通信シールド」のトグルスイッチをONにした状態で、「シリアルモニ
タ」を起動します。
　このときの「シリアルポート」は、書き込みに利用したUSBポートではなく、
Bluetoothアダプタのシリアルポート(**図5-11**)に変更します。

[3] この状態で**リスト3-9、3-10、3-12**を実行すると、**第3章**と同様の動作が行な
われます。

> ※ペアリンクができない場合や、通信ポートが見つからない場合は、マイコン
> 基板「SBDBT5V」のLED が正常に点灯しているか確認しましょう。

図5-12　リスト3-9の実行結果

図5-13　リスト3-10の実行結果

図5-14　リスト3-12の実行結果

■「Bluetoothシールド」+「テスト・シールド」

次に、リスト3-11、3-13の確認を行ないます。

　このプログラムの実行には、**第2章**で作った「テスト・シールド」を重ねて使います。

　シールドを重ねた状態での回路図とピン配列を、それぞれ**図5-15**、**図5-16**に示します。

　前節と同様に、プログラムを書き込む際には「Bluetooth通信シールド」のトグルスイッチをOFFにした状態で行ない、書き込み終了後にトグルスイッチをONにします。

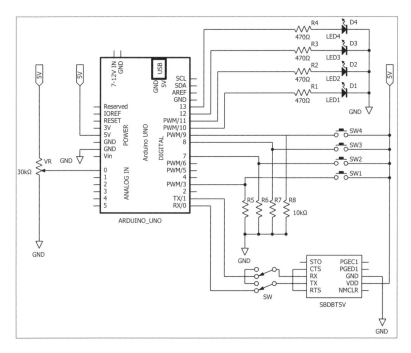

図5-15 「Bluetoothシールド」と「テスト・シールド」を、Arduinoボードに装着した場合の回路図

デジタル入出力

ピン番号	0	1	2	3	4	5	6	7	8	9	10	11	12	13				
機能	RX	TX		PWM		PWM	PWM			PWM	PWM	PWM			GND	AREF	SDA	SCL
接続先	BT TX	BT RX		SW1				SW2	SW3	SW4	LED1	LED2	LED3	LED4				

アナログ入力

ピン番号	0	1	2	3	4	5
機能	A0	A1	A2	A3	A4	A5
接続先	可変抵抗					

電源ピン

機能	Reserved	IOREF	RESET	3.3V	5V	GND	GND	Vin
接続先								

図5-16 「テスト・シールド」と「Bluetoothシールド」を重ねた状態でのピン配列

図5-17 「Bluetoothシールド」と「テスト・シールド」をArduinoボードに装着した場合の写真

リスト3-11の実行結果を、図5-18に示します。

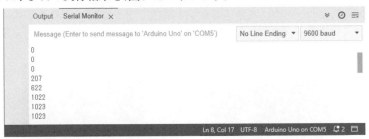

図5-18 「シリアル通信」によるデータ受信プログラムの実行結果

■ Androidアプリによる「Bluetooth通信」

Androidには、「Bluetooth」を利用したさまざまなアプリが用意されています。

本書では、「ターミナルソフト」として「Serial Bluetooth Terminal」、「Bluetoothリモコン・アプリ」として「Arduin Remote Bluetooth-WiFi」の2つのアプリを用いて、ロボットの制御を行ないます。

[1]「Serial Bluetooth Terminal」は、図5-19に示すように、「GooglePlay」からインストールすることができます。

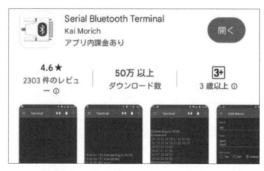

図5-19　「Google Play」の「Serial Bluetooth Terminal」ページ

[2]「Bluetooth シールド」の電源を入れた状態でインストールしたアプリを起動すると、**図5-20**の画面が表示されます。

　Android端末の「Bluetooth」が起動していない場合は、「Bluetoothアクセス権限」の要求があるので許可してください。

[3]次に左上部にある三本線のアイコン■をクリックすると、**図5-21**の「ペアリング先の選択ダイアログ」が表示されるので、接続する「SBDBT- xxxxxxxx xxxx」を選択します。

図5-20　「Serial Bluetooth Terminal」の　　　図5-21　ペアリング先の選択
　　　　起動画面

[4]一度設定していると、「Serial Bluetooth Terminal」の起動画面の上部にあるコンセントのアイコン をクリックすると、Bluetoothデバイスに接続します。

接続が確立されると、**図5-22**のようにアプリ上部のアイコンとターミナル画面が変化します。

「Serial Bluetooth Terminal」を使って**リスト3-12**を実行したときの結果を、**図5-23**に示します。

下部にある「送信ボックス」に文字列を書き込み、「送信」ボタンをクリックすると、送信文字が画面に表示されます。

続いて、Arduinoがいったん受信し、再びAndroid端末に送り返された文字列が表示されます。

図5-22　Bluetooth接続完了

図5-23　「シリアル通信」によるデータ受信
プログラムの実行結果

5-3 Bluetooth通信による「リモコン操作ロボット」

■「Bluetoothシールド」+「モータドライブ・シールド」

　「Bluetoothシールド」と「モータ制御シールド」を、重ねてArduinoに装着することにより、「リモコン操作ロボット」のハード部分が完成します。

　このときの回路図、ピン配列、全体写真を**図5-24～5-26**に示します。

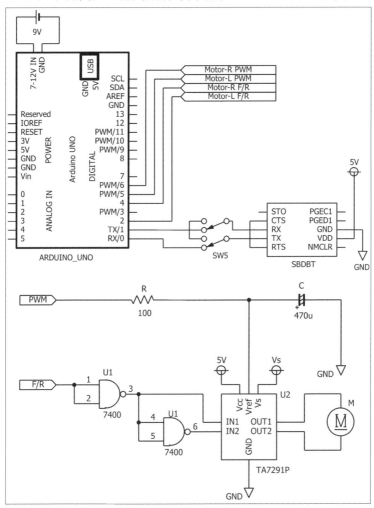

図5-24　「リモコン操作ロボット」の回路図

デジタル入出力

ピン番号	0	1	2	3	4	5	6	7	8	9	10	11	12	13				
機能	RX	TX		PWM		PWM	PWM			PWM	PWM	PWM			GND	AREF	SDA	SCL
接続先	BT TX	BT RX	モータ左F/R		モータ右F/R	モータ左PWM	モータ右PWM											

アナログ入力

ピン番号	0	1	2	3	4	5
機能	A0	A1	A2	A3	A4	A5
接続先						

電源ピン

Reserved	IOREF	RESET	3.3V	5V	GND	GND	V$_{in}$

図5-25 「モータドライブIC」(TA7291P)による「モータ制御シールド」で使うピン配列

図5-26 「Bluetoothシールド」と「モータドライブIC (TA7291P)によるモータ制御シールド」
を、「Arduinoボード」に装着したときの写真

■ プログラム

制御用プログラムを**リスト5-1**に示します。

このプログラムは、「ターミナルソフト」や「リモコン・アプリ」から送信された文字によって、「前進」「後退」などの、あらかじめ決められた動きをするものです。

「Bluetooth通信」によって、「前進」「後退」「左右転回」「前方への左右旋回」「後方への左右旋回」「停止」の動きができます。

【リスト5-1】「リモコン制御ロボット」の制御プログラム

```
/*
Bluetooth通信によるリモコン制御ロボット・プログラム
*/
char str = 0;// 受信データ用
int motor_l_fr  = 2;
int motor_r_fr  = 4;
int motor_l_spd = 5;
int motor_r_spd = 6;

void setup() {
  Serial.begin(9600); // 9600bps でシリアルポートを開く
  pinMode(motor_l_fr, OUTPUT);
  pinMode(motor_r_fr, OUTPUT);
  analogWrite(motor_l_spd, 0);
  analogWrite(motor_r_spd, 0);
}
void loop() {
  if (Serial.available() > 0) { // 受信したデータが存在する
    str = Serial.read(); // 受信データを読み込む
    Serial.print("I received: ");
    Serial.println(str);
    if (key>64 && key<74) key=key+32; // A〜Iをa〜iに変換

    if ( key == "a" ) motor( 0,   0, 0, 255 );//左旋回
    if ( key == "b" ) motor( 0, 255, 0, 255 );//前進
    if ( key == "c" ) motor( 0, 255, 0,   0 );//右旋回
    if ( key == "d" ) motor( 1, 255, 0, 255 );//左転回
    if ( key == "e" ) motor( 0,   0, 0,   0 );//停止
    if ( key == "f" ) motor( 0, 255, 1, 255 );//右転回
    if ( key == "g" ) motor( 1,   0, 1, 255 );//後方左旋回
    if ( key == "h" ) motor( 1, 255, 1, 255 );//後退
    if ( key == "i" ) motor( 1, 255, 1,   0 );//後方右旋回
  }
}
```

```
// モータの駆動
void motor( int left_fr, int left_spd,
int right_fr, int right_spd ) {
  digitalWrite( motor_l_fr, left_fr );
  digitalWrite( motor_r_fr, right_fr );
  analogWrite( motor_l_spd, left_spd );
  analogWrite( motor_r_spd, right_spd );
}
```

■ Bluetoothリモコン・アプリ

「リモコン・アプリ」である「Arduin Remote Bluetooth-WiFi」も、「Serial Bluetooth Terminal」と同様に「Google Play」からインストールができます。

図5-27　「Google Play」の「Arduin Remote Bluetooth-WiFi」ページ

[1]初めて実行すると、「First Steps」が表示され、入力コード、プログラム例、スイッチの設定例が表示され、最後に「DONE」をクリックすると、起動画面が表示されます。

図5-28　「Arduin Remote Bluetooth-WiFi」の起動画面

[2]Bluetoothボタンをクリックすると、Bluetoothデバイスの接続先一覧が表示されるので、接続する「SBDBT- xxxxxxxxxxxxx」を選択します(**図5-29**)。

[3]Bluetoothデバイスとのペアリングが行なわれていた場合は「Connected to SBDBT- xxxxxxxxxxxxx」と表示され、リモコン画面が示されます(**図5-30**)。

「Connection failed」と表示された場合は、Bluetoothデバイスと接続されていないので、AndroidのBluetooth設定画面でペアリング状態を確認してください。

図5-29 「Arduin Remote Bluetooth-WiFi」のBluetooth接続画面

図5-30 「Arduin Remote Bluetooth-WiFi」の実行画面

●操作の設定

[1]右上の設定ボタンからメニューの「Settings」を選択すると、画面設定画面(**図5-31左**)が起動するので、各ボタンの表示名およびボタンの「表示/非表示」を設定することができます。

リスト5-1のプログラム動作に一致する値をAndroidから送信するように対応するコマンド名(**図5-31右**)を入力し、Saveボタンをクリックします。

設定終了後に、**図5-32**に示す実行画面が起動します。

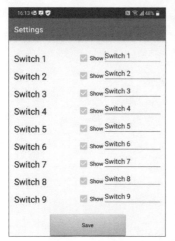

図5-31 「Arduin Remote Bluetooth-WiFi」の画面設定画面

[2]図5-33に示すように各ボタンを押したときにArduinoに送信する文字は、あらかじめ決まっております。

そのため、Switch 1〜 Switch 9に対応して、Offのときはa 〜 iの文字が、OnのときはA 〜 Iの文字がArduinoへ出力されます。

Switch	Code(String)	
#	Off	On
1	a	A
2	b	B
3	c	C
4	d	D
5	e	E
6	f	F
7	g	G
8	h	H
9	i	I
WiFi Has "Enter" After Code		

図5-32 「Arduin Remote Bluetooth-WiFi」の実行画面

図5-33 「Arduin Remote Bluetooth-WiFi」のボタンを押した際の出力コマンド

*

以上の設定を終えると、Android携帯からリモコン操作が可能になります。

第 **6** 章

「ライントレース・ロボット」 の製作

この章では、第4章で作った「モータドライブ・シールド」と、新たに作る「フォト・リフレクタを用いた光センサ回路」を組み合わせた「ライントレース・ロボット」を製作します。
このロボットは、光センサ回路により白地の床面に引かれた黒いラインを判断し、ラインに沿って走ることができます。
「ライントレース・ロボット」は、さまざまな学校でも教材として利用されているほか、多くの工場で「搬送用ロボット」としても利用されています。

6-1 「光センサ」による白黒判定

■ 白黒判定のための「光センサ回路」の考え方

　「光センサ」として、**図6-1**の「フォト・リフレクタ」を用いた回路を使い、反射光の強度によって白黒の判定を行ないます。

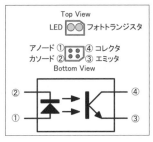

図6-1　「フォト・リフレクタ」(RPR-220)の外観図

　「フォト・リフレクタ」は、「赤外光LED」と「フォト・トランジスタ」が対になった素子です。
　LEDから投射された赤外光の反射光を「フォト・トランジスタ」が検知することで、反射材の白黒を判別します。

　図6-2に示すように、白の場合は「強い反射光」が、黒の場合は「弱い反射光」が「フォト・トランジスタ」に入射し、その結果「フォト・トランジスタ」に流れる電流値が変化する特性を利用して、白黒を判別します。

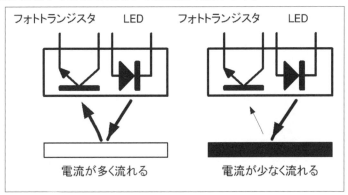

図6-2　「フォト・リフレクタ」による白黒検知の原理

　今回使う「フォト・トランジスタ」は、「ベース端子」のない2端子のトランジスタです。

　光の入射によって発生する「光電流」が「ベース電流」となり、この電流によって「コレクタ電流」が増幅されます。つまり反射光が「フォト・トランジスタ」に入ることで大きな「コレクタ電流」が生じ、逆に反射光が入らない場合は「コレクタ電流」が生じません。

＊

　「フォト・リフレクタ」を用いた白黒検知用の「光センサ回路」と、Arduinoの接続回路を**図6-3**に示します。

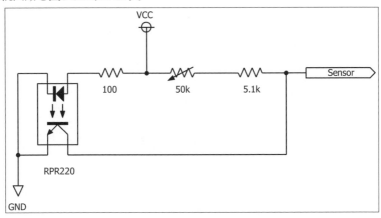

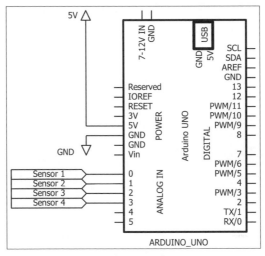

図6-3　「フォト・リフレクタ」を用いた白黒検知用の「光センサ回路」と、Arduinoの接続回路

この「光センサ回路」のLEDは、約「35mA」の電流が流れるように抵抗値を決めています。

定格電流が「50mA」のため、定格に近い、強い赤外光を発生させています。

抵抗値を「70Ω」程度にすれば、さらに大きな電流が流れ、もっと強い赤外光を発生させることができます。

「フォト・トランジスタ」に反射光が入らない場合は、ほとんど電流が流れないため、抵抗成分（5.1kΩ＋可変抵抗50kΩ）での電圧降下が小さくなり、Arduinoへの入力端子の電位は「4〜5V」程度となります。

一方、「フォト・トランジスタ」に反射光が入った場合は、比較的大きな電流（数mA程度）が流れるため、Arduinoへの入力端子の電位は「0V」に近くなります。

*

なお、「フォト・リフレクタ」は**図6-3**に示すように一体化されているため、回路製作時に端子を間違えやすいので、注意が必要です。

■ 白黒判定のための「光センサ回路」の配線図

「フォト・リフレクタ」を用いた白黒検知用の「光センサ回路」の配線図を**図6-4**に、実装写真を**図6-5**に示します。

この回路は「フォト・リフレクタ」をハンダ面側から付けるので、ハンダ付けが通常の場合よりも難しくなります。

できれば「片面基板」ではなく、「両面基板」を用いたほうがいいでしょう。

「光センサ回路」で使う部品の一覧は、**表6-1**に示します。

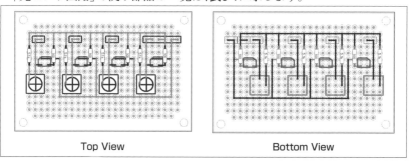

Top View　　　　　　　　　Bottom View

図6-4　「フォト・リフレクタ」を用いた、白黒検知用の「光センサ回路」の配線図

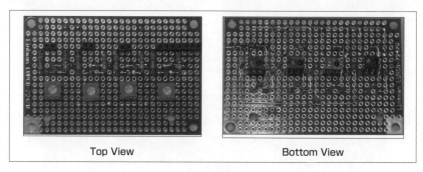

Top View   Bottom View

図6-5 「フォト・リフレクタ」を用いた白黒検知用の「光センサ回路」の実装写真

表6-1 「光センサ回路」に使用する電子部品

部品	型番	数量	参考価格
フォト・リフレクタ	RPR-220	4	130円
抵抗	100Ω	4	105円(1袋)
抵抗	5.1kΩ	4	105円(1袋)
可変抵抗	50kΩ	4	105円(2個入り)
ピンソケット	—	12	80円(42Px1列)

■「光センサ回路」の電圧計測プログラム

「光センサ回路」の動作確認を行なうためには、**図6-3**の回路図において、

・Arduinoの「入力電位」が変化しているか
・「赤外光LED」が点灯しているか
・「フォト・トランジスタ」での電圧降下に変化があるか
・「電源ライン」に5Vが供給されているか
・「GNDライン」がArduinoのGNDにつながっているか

など、いくつかのポイントがあります。

*

では、まず「赤外光LED」が点灯しているかどうかを確認しましょう。

「光センサ回路」の電位変化を確認するために、Arduinoの「5V出力」および
「GND」を「光センサ回路」の「5V」と「GND」に、Arduinoの「A0〜A3」ピンを
4つのセンサ回路の出力に、ジャンパ線で接続します。

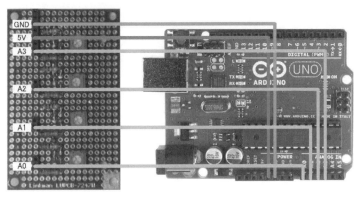

図6-6 「光センサ回路」とArduinoの配線

　接続がおわったら、「光センサ回路」に接続したArduinoを動作させると、「フォト・リフレクタ」の「赤外線LED」が点灯します。

　「赤外光」は目で見ることができないため、直視しても確認できませんが、デジタルカメラや携帯電話のカメラで見ると、点灯状態を確認することができる場合があります(**図6-7**)。

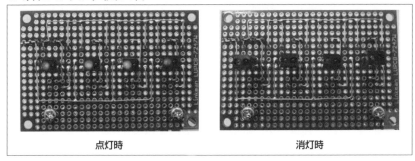

点灯時　　　　　　　　　　　消灯時

図6-7 「フォト・リフレクタ」のLED点灯状態の確認

*

　「ライントレース・ロボット」では、機体の先端部分に「光センサ」を取り付けて、床面からの反射光によって白黒判定を行ないます。

　この「光センサ回路」の「出力－距離」特性は、**図6-8**のようになっており、「2～35mm」の距離でも充分な感度をもっています。

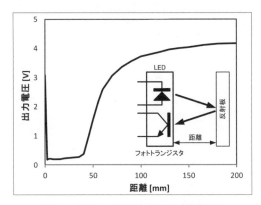

図6-8 「光センサ回路」の「出力－距離」特性

　ただし、特性は作った回路によって変化するので、使用条件における出力電圧を測定し、確認しておく必要があります。

　外からの光の影響は、比較的受けにくいセンサになっていますが、太陽光など赤外線を含む光が「フォト・トランジスタ」に入射すると、出力電圧値が変化してしまうので、注意が必要です。

　また、床面と接した状態では急激に感度が悪くなるため、光センサ回路を取りつける場合は、あまり床面に近づきすぎないようにする必要があります。

＊

　この回路を用いて、センサ回路の「出力電位」をシリアル通信でPCに表示できます。

　計測用のプログラムは、**リスト6-1**に示します。

　このプログラムは「A0～A3」の電位を、「100ミリ」秒ごとに「0～1023」(0～5Vに相当)の値として読み取り、その結果を「シリアルモニタ」に表示します。

【リスト6-1】「光センサ回路」の計測用プログラム

```
/*
  光センサ回路のアナログ計測
*/

void setup() {
  Serial.begin(9600);
}

void loop() {
```

```
    int sensorValue0 = analogRead(A0);
    int sensorValue1 = analogRead(A1);
    int sensorValue2 = analogRead(A2);
    int sensorValue3 = analogRead(A3);
    Serial.print(sensorValue0);
    Serial.print("¥t");
    Serial.print(sensorValue1);
    Serial.print("¥t");
    Serial.print(sensorValue2);
    Serial.print("¥t");
    Serial.print(sensorValue3);
    Serial.println("");
    delay(1000);
}
```

※ プログラム中の"¥t"は、画面上では"＼t"と表示される場合があります
が、日本語フォントと英字フォントの違いによるものなので問題ありません。

　白い床面および黒い床面からの反射光を読み取っているときの実行結果
を、図6-9に示します。

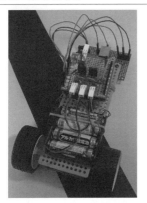

センサと床面(白)の状態写真

センサと床面(黒)の状態写真

シリアル通信での結果(床面が白)　　　　シリアル通信での結果(床面が黒)

図6-9　床面が白および黒の場合の測定実験結果

　センサが「白い床面」の上にあるときは「40〜50」程度の値(0.2〜0.3V程度)が表示されており、「黒い床面」の上にあるときは「850〜950」の値(4.2〜4.7V)が示されています。

　この結果から、白黒の判定ができます。

　また、結果を見ると、4つのセンサには値のバラつきが生じています。

　これは、センサの向きや位置がわずかに異なることや、センサ特性のバラツキなどによって生じるものです。

　そのため、黒白の判定を行なうための閾値(しきい値)は、充分な余裕をもった値にする必要があります。

6-2　「光センサ」によるライントレース制御①

■「ライントレース・ロボット」とは

　「ライントレース・ロボット」は、白い紙に黒線、黒い床に白テープといった、コントラストのはっきりした線に沿って進むロボットです。工場や倉庫の荷物運搬などに利用されています。

　また、最近では「ロボコン」や「ロボサッカー」などでも、同様の技術がよく用いられています。

　「ライントレース・ロボット」は、①床面のラインを検知するための「光センサ回路」、②モータ駆動の制御をするための「モータ制御回路」、③モータやギヤボックスなどで構成される「ロボットの土台部分」、④コントローラとして「Arduino」、⑤そして「コントローラおよびモータ駆動用の電源」——によって構成されます(図6-10)。

　「光センサ回路」からの入力によって、Arduinoが判断を行ない、「モータ制御回路」への出力によってモータを駆動します。

157

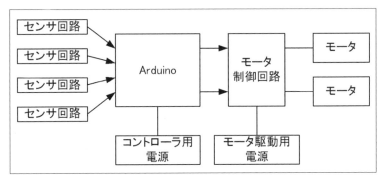

図6-10 「ライントレース・ロボット」の構成図

＊

「ライントレース」の原理は、まず光を床に照射し、床から反射する光を検知することによって、黒の線上にマシンが存在するかどうかの判断を行ないます。

そして、この判断から線に沿ってマシンが進むようにモータの制御を行ないます。

＊

センサが1つの場合の、「ライントレース・ロボット」の動きとセンサの判断を、**図6-11**に示します。

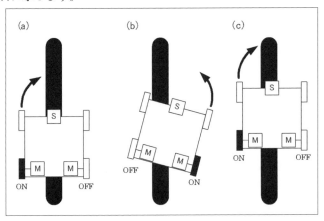

図6-11 「ライントレース・ロボット」の動作原理(センサが1つの場合)

初期の**状態(a)**で「左タイヤ」のみが動くことによって、時計回りにマシンが動きます。

次に**状態(b)**のように黒いラインから外れた瞬間に、稼動するモータが切り替わり、「右側のモータ」が動きます。

そして**状態(c)**のように、黒いライン上にセンサが反応すると、稼動するモータが切り替わります。

＊

以上のような動きを繰り返して、黒いラインの左側をジグザグに蛇行しながらラインに沿って進みます。

■「ライントレース・ロボット」の構成

第4章で作った「MOS-FETを使ったモータドライブ・シールド」を用いたロボットの前部先端に「光センサ回路」を取り付けて、「光センサ回路」と「Arduino」をジャンパ線で接続することで、「ライントレース・ロボット」が完成します。

＊

「ライントレース・ロボット」の外観写真は、**図6-12**の通りです。

図6-12 「MOS-FETを使ったモータドライブ・シールド」を用いた
「ライントレース・ロボット」の外観写真

「光センサ回路」の取り付けには、スペーサなどを用いています。

そのため、「ボール盤」などを使ってハンダ付けの前にセンサ基板の適当な位置に穴を開けるか、ユニバーサル基板付属の冶具などを用いて固定しています。

＊

使うピン配列を**図6-13**に、「MOS-FET」を用いたモータ制御回路をもつ「ラ

イントレース・ロボット」の回路図を**図6-14**に示します。

「光センサ」と「Arduino」の接続は、**図6-13**に示すように、「アナログ入力端子」(A0〜 A3)に、「センサ出力端子」をジャンパ線で接続します。

また、Arduinoの「5V」端子および「GND」端子を、光センサ回路の「Vcc」端子と「GND」端子に、それぞれジャンパ線で接続します。

デジタル入出力

ピン番号	0	1	2	3	4	5	6	7	8	9	10	11	12	13				
機能	RX	TX		PWM		PWM	PWM			PWM	PWM	PWM			GND	AREF	SDA	SCL
接続先						モータ左	モータ右											

アナログ入力

ピン番号	0	1	2	3	4	5
機能	A0	A1	A2	A3	A4	A5
接続先	センサ左	センサ中左	センサ中右	センサ右		

電源ピン

機能	Reserved	IOREF	RESET	3.3V	5V	GND	GND	V_{in}
接続先					センサ電源	センサGND	9V電池−	9V電池＋

図6-13　「ラインレース・ロボット」のピン配列

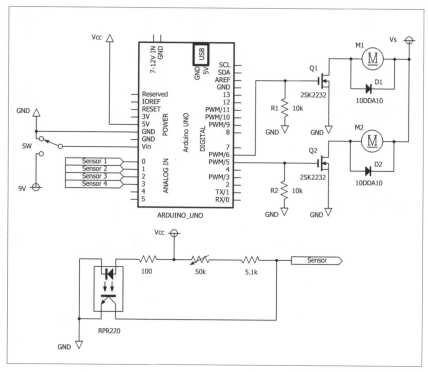

図6-14 「MOS-FETを使ったモータドライブ・シールド」を用いた
「ライントレース・ロボット」の回路図

●1つのセンサで制御する

センサ1個(センサ左)の場合の制御プログラムを、リスト6-2に示します。

【リスト6-2】「ライントレース・ロボット」の制御プログラム(センサ1個の場合)

```
/*
  ライントレース・ロボットの制御プログラム1
*/

int motor_l = 5;
int motor_r = 6;

void setup() {
  pinMode(motor_l, OUTPUT);
  pinMode(motor_r, OUTPUT);
}
```

```
void loop() {
  int sensorValue0 = analogRead(A0);

  delay(1);
  if (sensorValue0<400) {
    digitalWrite(motor_l, HIGH);
    digitalWrite(motor_r, LOW);
  } else {
    digitalWrite(motor_l, LOW);
    digitalWrite(motor_r, HIGH);
  }
```

この場合、「左側のセンサ情報」だけでモータ駆動の判断をするため、**図6-11**と同様の動作をします。

また、黒白判定の閾値は、余裕をもって「400」(約2V)に設定していますが、各自の状況に合わせて変更してください。

●2つのセンサで制御する

一方、黒いラインを挟むように配置された「センサ右」と「センサ左」の2つを用いた場合は、センサが常にラインを挟むようにモータを制御します(**図6-15**)。

状態(a)のように、両センサが白い床上の場合は、「左右のモータ」が駆動し、ロボットは直進します。

状態(b)のように、左側のセンサだけが黒線上にある場合は、「左モータ」が停止、「右モータ」が駆動し、ロボットは左に旋回します。

逆に**状態(c)**の場合は、ロボットは右に旋回します。

つまり、「左側のセンサ」が白い床上の場合は「左モータ」が駆動し、黒線上の場合は「左モータ」が停止します。
「右側のセンサ」についても同様に、白い床上の場合は「右モータ」が駆動し、黒い線上の場合は「右モータ」が停止します。

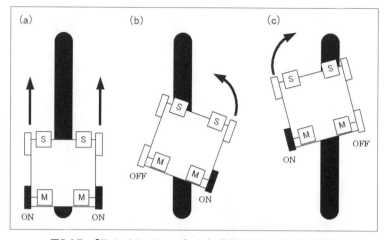

図6-15 「ライントレース・ロボット」の動作原理（センサ2個の場合）

*

図6-15に示す動作のプログラムを、リスト6-3に示します。

【リスト6-3】「ライントレース・ロボット」の制御プログラム（センサ2個の場合）

```
/*
  ライントレース・ロボットの制御プログラム2
*/

int motor_l = 5;
int motor_r = 6;

void setup() {
  pinMode(motor_l, OUTPUT);
  pinMode(motor_r, OUTPUT);
}

void loop() {
  int leftSensor  = analogRead(A0);
  int rightSensor = analogRead(A3);
  delay(1);

  if (leftSensor<400)  digitalWrite(motor_l, HIGH);
  else                 digitalWrite(motor_l, LOW);
  if (rightSensor<400) digitalWrite(motor_r, HIGH);
  else                 digitalWrite(motor_r, LOW);
}
```

●4つのセンサで制御する

　センサ4個の場合の「ライントレース・ロボット」の動作を、**図6-16**に示します。
　センサ2個の場合と比べて状態数が増えているので、モータの「アナログ制御」
（PWM制御）を行なうことによって、よりスムーズな黒線のトレースができます。

*

　図6-16の後輪タイヤの下にある数字は、「アナログ出力値」を示しています。
　「アナログ出力値」の最大値は「255」のため、出力値「255」「191」「127」は、そ
れぞれデューティ比「1:1」「3:4」「1:2」を示します。

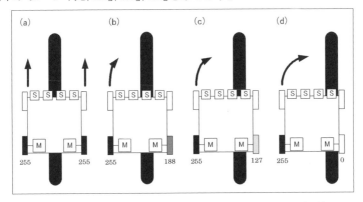

図6-16　「ライントレース・ロボット」の動作原理（センサ4個の場合）

　表6-2は、「ライントレース・ロボット」の動作時におけるセンサの状態と、そ
れぞれの状態におけるモータへの「アナログ出力値」です。

*

　「2進数」は、それぞれのセンサの「黒/白」を「1/0」で示しており、右のセンサ
から順に1〜4桁目が対応しています。

　「10進数」は、「2進数」の値を置き換えたものです。この「10進数」の値を用い
ることによって、モータ制御の判断を行なうことができます。
　ここでは、黒線がロボット本体の中心に近い場合は「直進」が優先されて、ロ
ボットの中心から外れるにつれて「旋回」の動作が強くなるように判断しています。
　ただし、ロボットのスピードによって調整が必要になるので、「アナログ出力
値」は実際の走行に合わせて変更する必要があります。

*

　今回使っている「低速ギヤ」ではなく、「高速ギヤ」を利用する場合は、走行ス

ピードが速くなって慣性の影響が強くなり、モータの駆動が間に合わずに線から外れてしまうことがあるため、線から外れた場合の処理を入れておく必要があります。

　黒線から外れる状態は、**表6-2**の「○○○○」に相当し、この場合は、その直前の状態(「●○○○」または「○○○●」)と同様の動作を継続して行ないます。
　よって、「○○○○」のモータの項目には、2つの状態が併記されています。

表6-2　センサ4個の「ライントレース・ロボット」の動作状態。○はセンサが白、●はセンサが黒、モータ部分の数値はモータへのアナログ出力値を示す。

センサ	2進数	10進数	左モータ	右モータ
○○○●	0001	1	255	0
○○●●	0011	3	255	127
○●●●	0111	7	255	191
○○●○	0010	2	255	191
○●●○	0110	6	255	255
○●○○	0100	4	191	255
●●●○	1110	14	191	255
●●○○	1100	12	127	255
●○○○	1000	8	0	255
●●●●	1111	15	127	127
○○○○	0000	0	0 255	255 0

　図6-16に示す動作ののプログラムを、**リスト6-4**に示します。

【リスト6-4】「ライントレース・ロボット」の制御プログラム(センサ4個の場合)

```
/*
  ライントレース・ロボットの制御プログラム3
*/

int leftSensor;       // 左センサの状態
int midLeftSensor;    // 中左センサの状態

int midRightSensor;   // 中右センサの状態
int rightSensor;      // 右センサの状態
int sensor;           // 4つのセンサ状態 (0～15)
int motor_l = 5;      // 左センサのピン番号
int motor_r = 6;      // 右センサのピン番号
int SPD_HIGH = 255;   // スピード高の設定値
int SPD_MID  = 191;   // スピード中の設定値
```

```
int SPD_LOW  = 127; // スピード低の設定値

void setup() {}

void loop() {
  // アナログ値の取得
  leftSensor     = analogRead(A0);
  midLeftSensor  = analogRead(A1);
  midRightSensor = analogRead(A2);
  rightSensor    = analogRead(A3);
  delay(1);

  // 4つのセンサ状態のデジタル化
  sensor = 0;                                    // センサ変数初期化
  if ( leftSensor>400 )      sensor = sensor+8; // 左センサが黒
  if ( midLeftSensor>400 )   sensor = sensor+4; // 中左センサが黒
  if ( midRightSensor>400 )  sensor = sensor+2; // 中右センサが黒
  if ( rightSensor>400 )     sensor = sensor+1; // 右センサが黒

  // センサ状態におけるモータ制御
  if ( sensor==1 )  motor( SPD_HIGH, 0);            // ○○○●
  else if ( sensor==3 )  motor( SPD_HIGH, SPD_LOW); // ○○●●
  else if ( sensor==7 )  motor( SPD_HIGH, SPD_MID); // ○●●●
  else if ( sensor==2 )  motor( SPD_HIGH, SPD_MID); // ○○●○
  else if ( sensor==6 )  motor( SPD_HIGH, SPD_HIGH);// ○●●○
  else if ( sensor==4 )  motor( SPD_MID, SPD_HIGH); // ○●○○
  else if ( sensor==14 ) motor( SPD_MID, SPD_HIGH); // ●●●○
  else if ( sensor==12 ) motor( SPD_LOW, SPD_HIGH); // ●●○○
  else if ( sensor==8 )  motor( 0, SPD_HIGH );      // ●○○
○
  else if ( sensor==15 )  motor( SPD_LOW, SPD_LOW); // ●●●●
}

// モータの駆動
void motor( int left, int right ) {
  analogWrite(motor_l, left);
  analogWrite(motor_r, right);
}
```

　このプログラムでは、4つのセンサ状態を1つの変数「sensor」で表わしているところがポイントです。

　表6-2に示すように4つのセンサ状態を「0～15」の数値で表わし、それぞれの状態におけるモータ駆動を制御しています。

＊

　リスト6-4では、図6-13で示した通りにプログラムを書いて分かりやすくしていますが、「配列」などを用いれば、もう少し簡潔にまとめられます。挑戦してみてください。

■「ライントレース・ロボット」の構成

　次に、前節のロボットの「モータドライブ・シールド」を「モータドライブIC（TA7267BP）を使ったモータドライブ・シールド」に変更しましょう。

　「モータドライブIC」（TA7267BP）を使ったモータ制御回路をもつ「ライントレース・ロボット」の回路図を図6-17に、「ライントレース・ロボット」の外観写真を図6-18に示します。

　「光センサ回路」と「Arduino」の接続は、図6-13と同様です。

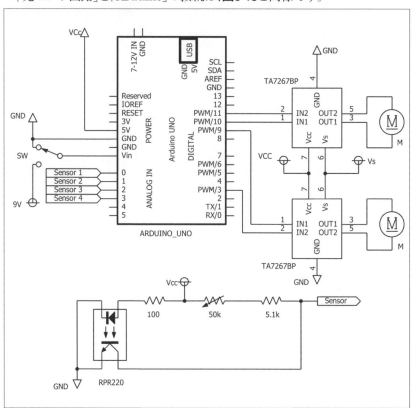

図6-17　「モータドライブICを使ったモータ制御回路」を用いた「ライントレース・ロボット」の回路図

図6-18 「モータドライブIC (TA7267BP)を使ったモータ制御回路」を用いた
「ライントレース・ロボット」の外観写真

●2つのセンサで制御する

「A0」と「A3」に接続している左右のセンサ2個で「ライントレース・ロボット」を制御するプログラムを、リスト6-5に示します。

【リスト6-5】「ライントレース・ロボット」の制御プログラム（センサ2個の場合）

```
/*
  ライントレース・ロボットの制御プログラム4
*/

int rightSensor;
int leftSensor;
int motor_r_in1 = 9;
int motor_r_in2 = 3;
int motor_l_in1 = 10;
int motor_l_in2 = 11;

void setup() {}

void loop() {
  leftSensor  = analogRead(A0);
  rightSensor = analogRead(A3);
  delay(1);
```

```
  if (rightSensor<400 && leftSensor<400) {        // 両センサが白
    motor( 255,0,255,0 );                          // 前進
  } else if (rightSensor>400 && leftSensor<400) {  // 左が黒、右が白
    motor( 255,0,0,0 );                            // 左旋回

  } else if (rightSensor<400 && leftSensor>400) {  // 左が白、右が黒
    motor( 0,0,255,0 );                            // 右旋回
  } else {                                         // 両センサが黒
    motor( 255,0,255,0 );                          // 前進
  }
}

// モータの駆動
void motor( int left1, int left2, int right1, int right2 ) {
  analogWrite( motor_l_in1, left1 );
  analogWrite( motor_l_in2, left2 );
  analogWrite( motor_r_in1, right1 );
  analogWrite( motor_r_in2, right2 );
}
```

このプログラムは、図6-15と同じ動作を行ないます。

プログラム中の関数「motor」は、「モータドライブIC」を用いたモータ制御をするために「アナログ出力」を行なう関数で、引数は「モータドライブへのアナログ入力値」を示しています。

●4つのセンサで制御する

今回の「ライントレース・ロボット」のセンサ4個を用いた場合の動作を、図6-19に示します。

「モータドライブIC」を用いてモータの「正転・逆転」が制御可能なため、よりスムーズな黒線のトレースができます。

                                    *

図中の後輪タイヤの矢印と数字は、「タイヤの回転方向」と「アナログ出力値」を示しています。

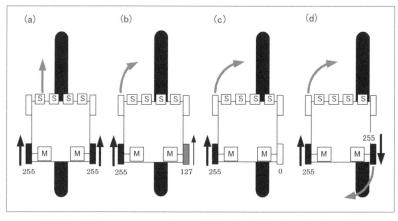

図6-19 「ライントレース・ロボット」の動作原理の概略図（センサ4個の場合）

表6-3は、動作時における「センサ状態」と、それぞれの状態における「モータへのアナログ出力値」を示します。

「センサ」の項目では、「白／黒」の状態を「○／●」で表わしており、それぞれ4つのセンサの状態を示しています。

また、「左」「右」項目の矢印と、「左1」「左2」「右1」「右2」項目の数値は、「モータの回転方向」と「モータドライブICへのアナログ出力値」を示します。

黒線がロボット本体の中心に近い場合は「直進」が優先されて、ロボットの中心から外れるにつれて「旋回」の動作が強くなるように判断しています。

表6-3 センサ4個の「ライントレース・ロボット」の動作状態

センサ	2進数	10進数	左	左1	左2	右	右1	右2
○○○●	0001	1	↑	255	0	↓	0	255
○○●●	0011	3	↑	255	0		0	0
○●●●	0111	7	↑	255	0	↑	127	0
○○●○	0010	2	↑	255	0	↑	127	0
○●●○	0110	6	↑	255	0	↑	255	0
○●○○	0100	4	↑	127	0	↑	255	0
●●●○	1110	14	↑	127	0	↑	255	0
●●○○	1100	12		0	0	↑	255	0

センサ	2進数	10進数	左	左1	左2	右	右1	右2
●○○○	1000	8	↓	0	255	↑	255	0
●●●●	1111	15	↑	127	0	↑	127	0
○○○○	0000	0	↑	255	0	↓	0	255
			↓	0	255	↑	255	0

　図6-19に示す動作のプログラムを、リスト6-6に示します。

　ただし、ロボットのスピードによって調整が必要になるため、「アナログ出力値」は実際の走行に合わせて変更しなければならない点に注意してください。

【リスト6-6】「ライントレース・ロボット」の制御プログラム(センサ4個の場合)

```
/*
  ライントレース・ロボットの制御プログラム5
 */

int leftSensor;          // 左センサの状態
int midLeftSensor;       // 中左センサの状態
int midRightSensor;      // 中右センサの状態
int rightSensor;         // 右センサの状態
int sensor;              // 4つのセンサ状態(0～15)
int motor_l_in1 = 10;    // 左センサの入力1
int motor_l_in2 = 11;    // 左センサの入力2
int motor_r_in1 = 9;     // 右センサの入力1
int motor_r_in2 = 3;     // 右センサの入力2

void setup() {}

void loop() {
  // アナログ値の取得
  leftSensor     = analogRead(A0);
  midLeftSensor  = analogRead(A1);
  midRightSensor = analogRead(A2);
  rightSensor    = analogRead(A3);
  delay(1);

  // 4つのセンサ状態のデジタル化
  sensor = 0;                                     // センサ変数初期化
  if ( leftSensor>400 )     sensor = sensor+8;    // 左センサが黒
  if ( midLeftSensor>400 )  sensor = sensor+4;    // 中左センサが黒
  if ( midRightSensor>400 ) sensor = sensor+2;    // 中右センサが黒
  if ( rightSensor>400 )    sensor = sensor+1;    // 右センサが黒
```

```
// センサ状態におけるモータ制御
if ( sensor==1 )       motor( 255, 0, 0, 255 ); // ○○○●
else if ( sensor==3 )  motor( 255, 0, 0,   0 ); // ○○●●
else if ( sensor==7 )  motor( 255, 0, 127, 0 ); // ○●●●
else if ( sensor==2 )  motor( 255, 0, 127, 0 ); // ○○●○
else if ( sensor==6 )  motor( 255, 0, 255, 0 ); // ○●●○
else if ( sensor==4 )  motor( 127, 0, 255, 0 ); // ○●○○
else if ( sensor==14 ) motor( 127, 0, 255, 0 ); // ●●●○
else if ( sensor==12 ) motor( 0,   0, 255, 0 ); // ●●○○
else if ( sensor==8 )  motor( 0, 255, 255, 0 ); // ●○○○
else if ( sensor==15 ) motor( 127, 0, 127, 0 ); // ●●●●
}

// モータの駆動
void motor( int left1, int left2, int right1, int right2 ) {
  analogWrite( motor_l_in1, left1 );
  analogWrite( motor_l_in2, left2 );
  analogWrite( motor_r_in1, right1 );
  analogWrite( motor_r_in2, right2 );
}
```

*

「ライントレース・ロボット」以外の「自律型ロボット」としては、迷路探索を行なう「マイクロ・マウス」や、「サッカー・ロボット」などがあります。

このようなロボットは、基本的にセンサからの入力に対してマイコンが判断し、モータなどのアクチュエータを動作します。

また、「光センサ」以外にも、「超音波センサ」「加速度センサ」「方位センサ」などがあり、さまざまなロボットを作ることができます。

ぜひ、いろいろなロボット製作に挑戦してみてください。

索引

50音順

■著者略歴

米田　知晃（よねだ・ともあき）　理学博士

1969 年	大阪府大阪市 生まれ
1993 年	立命館大学 理工学部 数学物理学科 卒業
1995 年	立命館大学大学院 理工学研究科 物理学専攻 修了
同　年	㈱イオン工学研究所　研究員
1999 年	福井工業高等専門学校 電気工学科 助手
2005 年	福井工業高等専門学校 電気工学科 助教授
2007 年	福井工業高等専門学校 電気電子工学科 准教授
	博士（理学）
2015 年	**福井工業高等専門学校　電気電子工学科　教授**
現　在	イオン散乱などの放射線計測を専門分野としているが、近年はマイコンや各種センサなどを利用したセンサ応用技術の研究に加え、マイコンと電子回路などのものづくり教育に取り組んでいる。

荒川　正和（あらかわ・まさかず）　工学博士

1966 年	大阪府寝屋川市 生まれ
1989 年	福井大学 工学部 電子工学科 卒業
1991 年	福井大学大学院 工学研究科 電子工学専攻 修了
同　年	福井工業高等専門学校　電気工学科　助手
2002 年	福井大学大学院 工学研究科 博士後期課程 システム設計工学専攻 修了
同　年	福井工業高等専門学校 電気工学科 助教授
2007 年	**福井工業高等専門学校 電気電子工学科 准教授**
	博士（工学）
現　在	半導体の物理現象に関するコンピュータシミュレーションを専門分野としながらも、趣味の音楽が高じてコンピュータを用いた音声信号処理などにも取り組んでいる。 仕事柄、物理・数学・工学などの分野に関する入門教育にも興味があり、体験や実践を重視した教育手法を日々試みている。

本書の内容に関するご質問は、
① 返信用の切手を同封した手紙
② 往復はがき
③ FAX (03) 5269-6031
　（返信先の FAX 番号を明記してください）
④ E-mail　editors@kohgakusha.co.jp
のいずれかで、工学社編集部あてにお願いします。
なお、電話によるお問い合わせはご遠慮ください。

サポートページは下記にあります。
[工学社サイト] http://www.kohgakusha.co.jp/

I/O BOOKS

Arduino ではじめるロボット製作 [改訂版]

2023 年 3 月 25 日　初版発行　© 2023	著　者	米田 知晃 ・ 荒川 正和
	編　集	I/O 編集部
	発行人	星　正明
	発行所	株式会社工学社
		〒160-0004 東京都新宿区四谷 4-28-20 2F
	電話	(03) 5269-2041 (代) ［営業］
		(03) 5269-6041 (代) ［編集］
※定価はカバーに表示してあります。	振替口座	00150-6-22510

印刷：シナノ印刷 (株)　　　　　　　　　　　　　　　　　　　ISBN978-4-7775-2241-5